シリーズ 戦争と社会 1

「戦争と社会」という問い

シリーズ

戦争と社会｜1

「戦争と社会」という問い

編集委員

蘭 信三・石原 俊

一ノ瀬俊也・佐藤文香

西村 明・野上 元・福間良明

執筆

野上 元・佐藤文香・青木秀男・佐藤成基

柳原伸洋・吉良貴之・高橋博子・布施祐仁

佐川 徹・和田賢治・大野光明・平井和子

岩 波 書 店

『シリーズ　戦争と社会』刊行にあたって

パンデミック・戦争・社会

冷戦終結から三〇年ほどが経過した二〇二〇年代は、新型コロナウイルス感染症(COVID-19)の感染拡大で幕を開けた。グローバルな人の移動が日常化していただけに、感染症は急速に世界各地に広がった。日本国内でも最初の感染確認から間もなく、大都市圏を中心に感染拡大が深刻化し、「人流」を抑制するべく、「緊急事態宣言」が何度も出された。飲食店への営業自粛要請も繰り返され、医療崩壊というべき局面も何度か訪れた。これらをめぐる動きを眺めてみると、かつての戦時下の社会のひずみを想起させるものがある。

感染拡大を抑えるために「リモートワーク」が推奨されたが、それは万人に適用可能なものではなかった。「在宅勤務」は物流や宅配、医療や介護、保育といった社会のインフラを担う人々の存在があってこそ、成り立つものだったが、これらの人々は「リモート」とは縁遠かった。非正規雇用者も「社外アクセス権限がない」などの理由で在宅業務が拒まれることがあった。こうした不均衡に、往時の空襲被害を重ねてみることもできるだろう。

一九四五年三月の東京大空襲では、中小・零細企業と木造家屋が密集した下町地区の被害が明らかに甚大だった。結果的には、さほど豊かではない人々が多く暮らす地域に、被害が集中したことになる。その後、地方への疎開がいっそう進んだこともあり、空襲規模のわりには死者数は抑えられた。だが、地方に縁故がなく、都市部にとどまらざるを得なかった多くの人々は、四・五月の大規模空襲にさらされた。考えてみれば、「外出自粛」とは自宅への「疎開」にほかならない。空襲にせよ感染拡大にせよ、一見、あらゆる人々を平等に襲うように見えながら、「疎開先」で被害を最小限に食い止めうる人とそうでない人との格差は歴然としていた。

戦争と新型コロナの類比は、これにとどまるものではない。休業支援金・給付金の制度は設けられたものの、それが必要な人々に行き渡るには多くの時間を要し、受給前に廃業する事業者も少なからず見られた。これは、空襲で犠牲となった民間人への補償が戦後いまだに実現していない状況を彷彿とさせる。また、マスクや消毒液をはじめとする必要物資の供給不安から買い占めや転売も生じ、それらの増産に向けた政府対応には混乱が見られた。そこに、戦時期の物資配給の破綻や横流しの横行を思い起こすことは容易《たやす》い。

ワクチンの流通や医療体制の整備においても、行政のセクショナリズムや非効率が多く指摘され、入院もできないまま亡くなる人々が続出した。これらは、戦時期の物資配給、ひいては戦争指導者間の意思決定の機能不全を思わせる。パンデミックによる出入国管理も、戦後の送還事業における厳しい国境管理と重ね合わせることができよう。

二〇二〇年四月の初の緊急事態宣言発出後、「営業自粛」「外出自粛」に従わない商店や人々へのバッシングは、ネット上のみならず現実社会でも見られ、罹患者への責任追及もたびたびなされた。その後、事態が長期化するとともに、人々の間にはいわゆる「自粛疲れ」が広がり、「自粛破り」も常態化した。これらは、あたかも隣組やムラ社会での相互監視のような「正義」の暴走と寛容性の欠如、そして戦争長期化にともなう戦意の低下、闇取引の横行といった戦時社会のありさまに似ている。

さらに言えば、日本を含む先進国とそれ以外の国々とでは、ワクチン接種の進行の度合いは大きく異なっていた。先進国の状況の改善は開発途上国を放置することで成り立っていたわけだが、こうした論点が取り上げられることは少なかった。この自国中心主義もまた、戦争をめぐる「加害」の議論の低調さに重ねてみることができるだろう。

だが、こうした過去から現在に至る不平等や非効率、機能不全をもたらした日本の社会構造それ自体については、どれほど検討されてきただろうか。コロナ禍での不平等や給付金支給・医療体制整備の遅滞といった個々の問題点はメディアでも多く指摘されたが、それらを招いた社会とその来歴については、議論が十全に掘り下げられるには至っていない。

これと同様のことが、「戦争の語り」にも色濃く見られる。戦後七五年を過ぎてもなお、「記憶の継承」が叫ばれることは多い。体験者への聞き取りは、新聞やテレビでもたびたび行われ、戦時下にも今と変わらぬ「日常」があったのだと驚きをもって語られる。戦争大作映画においても、「現代の若者」が体験者に深く共感するさまが美しく描かれる。だが、軍隊内部や占領地、ひいては社会の隅々に至るまで、それこそ「日常」的に遍在していた暴力の実態とそれを生み出した権力構造、好戦と厭戦の両面を含む人々の意識などについては、十分に議論が尽くされているとは言い難い。「日常」や「継承」への欲望のみが多く語られ、ときにそこに感動が見出される一方で、その背後にあるはずの史的背景や暴力を生み出した組織病理は見過ごされてきた。新型コロナと社会をめぐる議論が深化しない状況を、戦争の暴力を生んだ社会構造を掘り下げてこなかったことの延長上に考えてみることができるのではないか。

本シリーズは、以上の問題意識をもって、戦争と社会の関係性が戦時から戦後、現代に至るまで、どのように変容したのかを、社会学、歴史学、文化人類学、民俗学、思想史研究、文学研究、メディア研究、ジェンダー研究など、多様な観点から読み解き、総合的に捉え返そうとするものである。

『岩波講座　アジア・太平洋戦争』とその後

本シリーズに先立ち、「戦争」を多角的に読み解いた叢書として、『岩波講座　アジア・太平洋戦争』(全八巻、二〇〇五―〇六年)があげられる。この叢書が刊行されたのは、「戦後六〇年」にあたる時期であった。折しも、第三次小泉純一郎内閣から第一次安倍晋三内閣への移行期にあり、靖国問題が東アジア諸国との軋轢を生んでいた。小林よしのり「新・ゴーマニズム宣言SPECIAL　戦争論」シリーズや「自由主義史観研究会」「新しい歴史教科書をつくる会」など、アジア諸国への加害責任を否認する動きも目立っていた。

こうした背景のもとで刊行された『岩波講座　アジア・太平洋戦争』は、対米英戦としてのみ連想されがちな「太平洋戦争」のフレームではなく、東アジア地域を視野に収めながら、従来の「戦争をめぐる知」のありようを塗り替えようとするものであった。あえて単純化すれば、歴史的事実関係をめぐる実証の追究と、社会問題としての記憶や歴史認識のありようを問う問題意識とが融合を果たし、現地住民への「加害」の問題を焦点化するとともに、その背後にある植民地主義やジェンダー、エスニシティをめぐるポリティクスの析出が試みられていた。扱う時代の面でも、日中戦争や満州事変、さらにはその前史にさかのぼるのと同時に、「戦後」へと続くさまざまな暴力の波及をも読み解いている。

こうしたアプローチは、「戦争研究」の学際性をも導いた。従来であれば、「戦争」の研究をリードしてきたのは、明らかに歴史学であった。だが、『岩波講座　アジア・太平洋戦争』では、歴史学が依然として中心的な位置を占めているものの、社会学、メディア研究、文学研究、思想史研究、大衆文化研究、ジェンダー研究など、多様なディシプリンが取り入れられている。その学際性・越境性は、一九九〇年代以降に本格的に紹介されたカルチュラル・スタディーズやポスト・コロニアル研究のインパクトを抜きに考えられないだろう。

その影響もあり、以後、「戦後七〇年」までの一〇年間では、多様な切り口の戦争研究が生み出された。社会史家のみならず社会学者も、当事者の語り難い記憶の掘り起こしを多く手掛けるようになり、戦争映画や戦争文学、戦争マンガについての研究も蓄積を増した。また、学際的に進められるようになった戦争研究に対して「帝国」という視点からの問い直しが定着し、「地域」や「国境」といった空間の自明性を批判的に問う視座ももたらされた。

だが、こうした戦争研究の広がりの一方で、いわゆる軍事史・軍事組織史に力点を置いた研究と、戦争・軍事にかかわる社会経済史・政治史・文化史に力点を置いた研究との「分業」体制、やや強い言葉で言えば「分断」は、いまだ解消されたとはいえない。戦争と社会の相互作用、戦争と社会の関係性そのものを、正面から理論的・実証的に問い直す作業は、総じて課題として残されたままだった。本シリーズは、この研究上の空白地帯に挑もうとするものである。

「戦争と社会」をめぐる問い

言うまでもなく、アジア・太平洋戦争は日本社会そして東アジア・西太平洋諸社会のあり方を、根底から変容させるものであった。総力戦の遂行は、各地域における政治体制、経済体制、労働、福祉、教育、宗教、マス・コミュニケーションのありようを大きく変えた。また戦時中の大量動員・疎開・強制移住や、日本の敗戦後の占領下で起こった大規模な復員・引揚げ・送還・抑留、そして新たな境界の顕現は、旧日本帝国の広範な領域において、人々の大規模な移動や故郷喪失・離散をもたらした。そうしたプロセスは、政治的な解放と暴力、社会的な包摂と排除、文化的な混交と軋轢を、さまざまなかたちで生み出し、各地の政治構造・産業構造・社会構造・階層構造の不可逆的な変化を導いた。

戦後社会への余波も見落とすことはできない。現在の日本国内だけに限っても、旧軍の施設や跡地は、そのまま自衛隊や在日米軍の基地として使われる一方、周辺地域社会における戦後の道路整備や商工業、観光のあり方を少なからず規定し、ひいては地域のコミュニティやアイデンティティの変容を生み出した。大量の復員・引揚げは、都市部での食糧不足も相俟《あいま》って、農村部の人口過剰をもたらした。それはのちに、農村部からの大量の低賃金労働者の都市流入を生み出す「戦後復興」「経済成長」の呼び水となった。そのことは、戦争による「平準化」を経てもなお戦後に残った「格差」の構造とも無縁ではない。

戦争が日本社会を変容させた一方、逆に社会のあり方が戦争のあり方を決定づける側面も、戦前から戦後を通じて存在した。農村部の疲弊や貧困は、しばしば、社会的上昇の手段として軍隊を選び取らせる傾向を生んだ。軍内部の陰惨な暴力の背景には、一般社会における貧富の格差や教育格差をめぐる羨望と憎悪があった。官庁間・部局間のセクショナリズムは、資源の適切な配分や政策情報の共有を妨げ、戦争遂行の非効率を招いた。中国大陸における高級軍人たちの独走や虚偽の戦果報告などは、その最たるものであったが、その背後には近代日本が営々として作り上げた、いわゆる学歴社会の存在があった。地方中産階級出身者の多かった軍人たちは、最初は学力で、のちには属する組織の利益のみを優先することで、出世競争に勝ち抜こうとしたのである。

そして、日本本土を除く旧日本帝国の多くの地域においては、「戦後」社会はよりいっそう「冷戦」体制の軍事的影響下に置かれたといわねばならない。日本帝国の敗戦と崩壊が、旧帝国勢力圏各地に米英中ソを中心とする占領秩序をもたらしたからである。他方、日本本土において「冷戦」(cold war)意識ではなく「戦後」(post-war)意識が広まったのは、日本本土が――同じ敗戦国のドイツと異なって――米国の後援のもと、新たな「戦争」たる冷戦の軍事的前線を、朝鮮半島・台湾といった旧植民地(外地)、そして沖縄などの島々に担わせてしまった結果だった。「総力戦と社会」のみならず、こうした「冷戦体制と社会」の関係性についても、歴史的・空間的差違をふまえた慎重な見極めが必要である。本シリーズは、以上のような広義の戦争と社会の相互作用についての理解を、なおいっそう前進させようとするものである。

「暴力を生み出す社会」の内在的な読解

戦争をめぐる議論においては、従来、総じて誰かの責任を追及し、暴力を批判する動きが際立っていた。むろん、これらは避けて通るべきでなく、議論の蓄積が今後ますます求められるものではある。だが、それと同時に、紛争を解決する手段としての暴力を自明視し、ある種の「正しさ」すらも付与した社会的背景を問う必要があるのではないだろうか。

「加害」をなした当事者や、その背後にある組織にとって、その暴力は「罪」であったどころか、しばしば「正当性」を帯びていた。端的な例として、日中戦争では「東洋平和」、対米英戦争では「大東亜共栄圏」というスローガンが設定され、国民動員に用いられた。「解放」後の韓国や台湾においては「反共」、中国大陸や北朝鮮においては「反帝国主義」という大義名分が、大衆のある部分を動員し、別の部分を標的とする、大量虐殺や内戦を導いた。そこにナショナリズムやコロニアリズム、東西冷戦のポリティクスを見出し、指弾することも可能ではあるが、本シリーズはむしろ、指導者から庶民に至る暴力の担い手たちの思考や社会的背景に内在的に迫ることをめざす。いかなる社会がいかなる戦争(のあり方)を生み出していたのか。そして、戦争そのものが、社会のあり方をどう変容させたのか。戦争の記憶は「戦後」社会のあり方や人々の認識をどう規定してきたのか。「戦後六〇年」「戦後七〇年」の次の課題として、こうした問いにも目を向けるべきではないだろうか。

そのような問い直しは、国際情勢の激変や新型コロナといった昨今の「新しい状況」が必要とさせたものでもあり、〈現在〉および〈未来〉を問うことに直結する。「戦後六〇年」から現在に至るまでの時代は、ある意味では「新しい戦争」の時代であった。「大量破壊兵器」の存在を前提に引き起こされたイラク戦争は、イスラム原理主義の台頭とテロリズムの頻発を招いた。このことは、従来想定されていた「国家間の戦争」から、「テロリズム対国家(連合)の戦争」が主流になりつつあることを指し示す。それは、かつての総力戦の戦争形態とは、明らかに異なっている。

軍事・軍隊のあり方も、大きく変質している。核兵器の脅威が厳として存在する一方で、ネット技術の進展に伴い、戦闘や偵察に無人機やドローンが用いられるようになった。将来的にはロボットが地上の戦闘に投入される日がくるかもしれない。そしてサイバー攻撃のように狭い意味での武力とは異質な力の行使が、軍事の重要な一角を占めている。情報統制の手法も洗練され、生々しい戦場の様子は人々の目に届きにくくなった。これらの「スマート」な戦争を可能にする新技術は、徴兵制による大量動員と目に見えやすい破壊力に依存していた往時の戦争・軍事とは根本的に異なるものである。その一方で、冷戦という名のイデオロギー対立が終了し、国民との太い結びつきを失った現代の軍隊は、「人道支援・災害救助」（ＨＡ／ＤＲ）のような非軍事的な任務も引き受けることで、自らの存在意義を説明しようとしているかのようである。さらに、国家が軍隊のさまざまな任務を民間軍事会社にアウトソーシングするケースも増加している。

こうした軍事上・国際政治上の変化の中で、われわれは戦争や軍隊と社会との新たな関係を、どのように構想するべきだろうか。それを考えるためには、総力戦の時代からベトナム戦争を含む冷戦期を経て、新型コロナとの「闘い」を経験した今日に至るまで、「戦争と社会」の相互作用がどのように変質したのかを問い直すことが不可欠である。

以上を念頭に置きながら、本シリーズでは、おもに日本を中心とした総力戦期以降の「戦争と社会」の関係性を多角的に読み解いていく。諸論考を契機に、戦争と社会の相互作用を学際的に捉え返し、ひいては現代社会を問い直す営みが広がることを願っている。

二〇二一年一〇月三〇日

〈編集委員〉
蘭　信三・石原　俊・一ノ瀬俊也・佐藤文香・西村　明・野上　元・福間良明

目次

総説　「戦争と社会」、「軍事と社会」をめぐる問い

野上　元
佐藤文香

一　メタファーとしての「戦争」

「受験戦争」「貿易戦争」「交通戦争」「ウイルスとの戦い」――わたしたちの社会には戦争に関連する表現があふれている。なぜだろうか？　豊富なメタファーの存在は、人間社会のさまざまな現象が、戦争の比喩をとることで理解しやすくなることを示している。

では、たとえば「受験」が「戦争」のようにみえる、とはどのようなことなのだろうか？　ここでは「あり得ないほど強烈な競争」がイメージされている。志望校への合格を目標とし、あらゆる努力が投入されるが、結果として、その参加者は「勝者」と「敗者」とに厳然とわかれる。さらに、この言葉には、若者（あるいは子ども）が、ときに本人の意思によらぬまま参加を強制され、凄惨な闘いのなかへと身を投じてゆく、というイメージがある。長年にわたり歴史的につくりあげられてきたイメージである(1)。

あるいは「貿易戦争」はどうだろう？　「受験戦争」同様、暴力は使用されていないけれど、より直接的な戦争のメタファーにみえる。国家というアクターがうごめき、なんらかの競合の帰趨にそれぞれの繁栄や衰退が賭けられて

いる、といったイメージだろうか。リーダーの決断が多くの人びとの豊かさや貧困をもたらすという意味で、まさにこれは死者の出ない戦争というべきものかもしれない。

逆に「交通戦争」は、国家間の争いではない一方で、決して少なくない数の死者が継続的に生みだされることを強調したメタファーである。人びとに犠牲を強いる戦争がなんらかの利益追求によって生まれるものだとするならば、事故死をやむをえない犠牲とし、自動車という文明の利器をわたしたちの社会における必要悪と捉えることは、「戦争」のイメージに連続しているといえるだろう。②

「ウイルスとの戦い／闘い」もよく使われる。人類がエイリアンと戦うということの類推として、体内に侵入した異物としてのウイルスと戦うイメージだろうか。免疫作用が体内における自他の区別を本質としたものであるなら、それが「戦争」の比喩を呼びこむことも不思議ではない。同時に、感染予防をめぐり、公共の利益（公衆衛生）のために個々人の自由を抑制すべきとされる点もまた、戦時・非常時を想起させるに足る部分があるということだろう。

これらのメタファーは新聞検索をもとに例示したものだが、「戦争」のさまざまな事象への転用は、新聞というメディアの特性そのものに由来するといえるかもしれない。というのも新聞は、戦争を報じることによって、社会にとって最重要なメディアとして成立してきたからである。そこでは、単に国民に戦争の実況が伝えられただけではなかった。新聞は、人びとのあいだに、戦争という共通の出来事を体験しているという感覚をつくりだすことで、「国民」を創出していったのである。③

スポーツもまた、より直接的な戦争との関連を観察できる領域である。柔道やフェンシング、アーチェリーのように、戦争における一騎討ちや決闘をルール化してスポーツにした競技は数多く存在する。N・エリアスは、この模倣的戦闘を「暴力の文明化」の過程に生じた啓蒙と位置づけたのだった。④

チームで行うスポーツにも「戦争」の表れをよく観察することができる。アメリカンフットボールやバスケットボールには、「攻守」にわかれたせめぎ合い、メンバー間の連携としての「陣形」、試合状況に応じた細かな「戦術」と全体の方針を定める「戦略」がある。言語的な観点から、もっとも観察が容易なのは野球だろうか。各選手は、敵の投手からのストライク(打撃)が蓄積する前にヒット(命中)を得て、ベース(基地)に進出。後続のヒットによって次々とベースをめぐり(あるいは陥落させ?)、ホームする(故郷に帰還する)ことを目指す。そしてホームに帰還できた人数が勝敗を決めるというのである。まさに野球は、戦争のメタファーであることを隠そうとしないスポーツだといえるだろう⑤。

情熱的に戦い、勝利を目指す「熱闘」などの表現も、スポーツを描写するのによく使われる。スポーツとは本質的に「戦い／闘い」なのである。だが、スポーツを通じて、自らの身体を使って他人と「戦う／闘う」人びとは、必ずルールを順守すること、そのルールのもと自らの身体のパフォーマンスを適切にコントロールすることを学ぶ。まさにエリアスのいう「暴力の文明化」がなされているのである。

軍事用語は、スポーツの世界にとどまらずさらに一般化している。たとえば「スタッフ」という言葉がそうである。「役割を担う集団の構成員」を意味する語だが、その元々の意味は「参謀」であり、さらにその元の意味である「支え」は「杖」に由来する。今では「スタッフ」は、軍隊に限らず、集団の意思決定を分担して支える人びとを表す言葉として一般化している。この言葉が軍事起源だということはほとんど意識されていないだろう。

「合戦」「決戦」「一兵卒」に「ゲリラ的」や「橋頭堡《きょうとうほ》」——軍事起源の日常用語は、それこそ枚挙にいとまがない。たとえば「ディベート debate」のような言葉すら、語源的には、叩く(ラテン語の battuere. battle も派生語)の語を含み、福沢諭吉の訳した「討論」という日本語にも「討つ」という意味がこめられている。

このように、わたしたちの日常生活に、軍事用語は深く入りこんでいる。そして、戦争や軍事のメタファーを使用する人びとが、必ずしも好戦的であったり、親軍的であったりするわけではない。戦争を憎み、その廃絶に向けた努力をする運動のなかにあってさえ、「反戦平和闘争」のような言葉が用いられているように、わたしたちはみなこうした言語使用とその想像力から自由ではない。言葉が思考のための道具であることを思えば、わたしたちの日常にも、戦争や軍事は深く根ざしていると考えるべきだろう。[6]

この根深さをまず認めることこそが、本巻ひいては本シリーズの出発点である。もちろん、わたしたちがこれから考えようとするのはメタファーの問題ではない。ここまで考察してきたように、戦争や軍事を自分たちと地続きのものとして捉えること、逆にいえば、自分たちと明確に区別できる社会の「異物」と考えるのではないところから出発する、ということである。

戦争と死の受容をめぐり引き裂かれる兵士の精神構造を分析した第一章の青木秀男論文「兵になり兵に死す——学徒兵の精神構造をめぐる一考察」は、まさにそのような論文として読むことができる。学徒兵の遺したテキストにおいて、国家、家族、個人の価値世界がどのように表象されているかを考察したのち、青木は、かれらの究極の価値とは家族であった、と結論する。逃亡を家族の恥とし、戦死をイエの至上の名誉とした学徒兵の呪縛とは少し異なるけれども、同型の呪縛のなかをわたしたちもまた生きているのである。

本シリーズのタイトルにもなっている「戦争と社会」、この二つはいまだかつて別々のものとして存在したことなどなかったという認識——すなわち、「戦争は常にすでに社会のなかにある」という認識こそが、わたしたちの考察の出発点である。

二　戦争と自由・平等・豊かさ

「戦争は社会のなかにある」というわたしたちの前提をわかりやすく示す手がかりとして、前節では、戦争や軍事のメタファーをとりあげた。ただし、これらはあくまでメタファーであり、比喩としての「受験戦争」と実際の「戦争」が異なるものであることはいうまでもない。以下では、メタファーの議論を超えて、人間社会におけるさまざまな普遍的価値に照らしながら、戦争の考察をつづけてみよう。

戦争が、人権を侵害し、人間性を抑圧し、貧困や不平等を生みだすという点で、「悪しきもの」であることはいうまでもない。人びとを暴力に屈従させ、幸福や暮らしの糧を奪い、そのことへの異議申し立てを封じるというのであれば、戦争は、正義や平等、人権といった普遍的な価値と対立するものである。

だが一方で、戦争は、あまりに深く人類の歴史に根ざしているがために、さまざまな普遍的価値を生みだす瞬間にたちあってもきた。以下では、そのことを確認しよう。

1　武装と自由

人権・市民権は、古代より、民主主義との関係において、兵役と深く関わっている。「マスケット銃が歩兵を生み、歩兵が民主主義を生んだ」という軍人フラーの言葉は、戦争を論じた社会学者R・カイヨワの紹介によって有名になった。(7) マスケット銃が戦場に持ちこまれたことは、単なる武器の変化を意味するのではない。戦い方の変化によって騎兵の優位が崩されることは、社会における貴族階級の没落とも結びついていた。

カイヨワは、市民や自由といった近代社会における価値を、戦争の質的変容によって生みだされたものであると論じた。民主主義が根付いていたと理想化される古代において重装歩兵や密集歩兵の戦術があったことを思えば、再び歩兵が戦場の主役になる時代とは、民主主義の時代を意味した。自分の所属する共同体の存亡に関わる戦争に、命を懸けて参加した者が参政権を得る、という発想である。人びとが戦争に参加するのは、戦いを通じて存亡を問われる共同体が「自分たちのもの」であるからだ。

そのため、戦いに敗れて捕虜となれば、命と引きかえに自由を失って奴隷となる。命乞いをする異民族・異教徒を奴隷とすることは（殺すよりは）人道的であるとされた。逆にいえば、戦争によって生じた奴隷は、自由な市民を輝かせるために供される闇となったのである。

アメリカ社会において、銃規制が今なお保守派を中心とした強い抵抗にあうのもこうした発想による。[8] かれらにとってそれは、「自分の身は自分で守る」という個人の自由に関わるものなのである。それだけでなく、必要に応じて武装する市民は、個人の自由を守るのみならず、共同体の危機となれば銃を持ってはせ参じる市民兵でもあった。

以上のように、西洋には、自由と戦争、市民権と武装を結びつける思考の歴史がある。もちろん、マスケット銃のみで「市民」や民主主義は生まれない。[9] そして、第二章の佐藤文香論文「戦争と暴力——戦時性暴力と軍事化されたジェンダー秩序」が明らかにしたように、この自由を行使し、市民権を与えられた「武装する市民」はジェンダー化されていた。女性化された国民を保護すると称する「保護ゆすり屋」としての国家の登場は、軍事化されたジェンダー秩序を強力につくりあげ、わたしたちが今日生きる社会の土台となったのである。

2　戦争と豊かさ

戦争は大量破壊をもたらし貧困を生む。その破壊と貧困がさらなる戦争を生みだすこともある。その一方で、戦争は必ずしもインフラの破壊や貧困に結びつくわけではない。そして、戦争には必ず勝者と敗者がいるため、大量破壊があったとしてもその双方が等しく貧しくなるわけではない。さらに、大量の損失や犠牲が生じた後に、その復興過程を経て、社会がより経済的に豊かになる例もないわけではない。

そしてなによりも、戦争が起こる背景として、豊かさへの希求があることを無視することはできないだろう。人びとがなぜ戦争を支え、犠牲を耐え忍ぶのかといえば、権威主義的な政治体制による強制のほかに、戦勝の先にある豊かさへの期待があるからである。あるいは、現在享受している暮らしを守るためにも戦争は起こりうる。そしてまた、布施祐仁がコラム②「志願制時代の「経済的徴兵」」で述べているように、今日の軍隊もまた豊かさの問題と深く関わっている。

戦争によって資本主義が発達した、という議論もある。[10] W・ゾンバルトがいうように、大量消費を要する大戦争においては、規格化された物品の大量発注が継続してなされる必要がある。それにより、需要の見込み、そして投資の計画が立てやすい。あるいは、戦争を巨大な公共投資として位置づけ、経済の停滞を打破し、経済成長を促そうとする「軍事ケインズ主義」の主張もある。二〇世紀の総力戦を合理化の過程として戦後社会の起点に位置づけた山之内靖らの議論もまた、その批判的検討として位置づけられるだろう。[11] 戦争国家が福祉国家を生みだした、という主張に端的に表れているように、戦時には、その社会的出力を最大化するために福祉や厚生が模索されるのである。

このような戦争と豊かさのつながりには、「冷戦」という戦争も含めることができる。東西ドイツにおける子ども文化に着目して書かれた第四章の柳原伸洋論文「戦争と文化――戦後ドイツの子ども文化に日本を照らして」からは、冷戦期の消費文化に入りこんだ戦争の姿を知ることができる。ナチ加害の責任という同じ十字架を背負いながらも、戦争を扱うことを忌避した西ドイツと、徹底して軍事化された東ドイツ。その対比はもちろんのこと、同じ敗戦国でありながら、戦争の通俗化の過程をドイツに先んじて歩んでいった日本との差異など、戦争と文化の複雑な関係に対する興味はつきない。

東西の軍拡競争が激しさを増す一方で、核兵器は、相互確証破壊(核攻撃した方も必ず核による反撃によって膨大な損失を想定せざるを得ない状態)によって、使用より威嚇のための兵器となって先進国同士の戦争を抑止するようになった。この見えない／見えにくい戦争である冷戦において実際に争われていたのは、資本主義vs.共産主義、自由主義vs.社会主義といったイデオロギーの「正しさ」というより、大量生産・大量消費をめぐる「豊かさ」であった。[12]

両陣営はともに豊かな生活を人質として争ったが、そこで目指されたのは、戦争で勝利し、敗戦国から賠償金や領土を奪うことではなかった。豊かさをアピールすることで優位を競い、政治・経済体制を改変し、巨大な消費市場・労働力市場を獲得すること、冷戦体制は消費社会の誕生と密接に結びついていたのである(13)。

以上のように、戦争は資本主義の発達や消費社会の誕生といった経済的側面をもつのであり、これを人びとの「豊かさ」への希求と切り離して論じることはできない(14)。

3 戦争と平等

戦争は、自由と豊かさのみならず、平等という価値とも深く関わる。第三章の佐藤成基論文「戦争と国家――総力戦が生んだ強力でリベラルな国民国家」は、二度にわたる世界大戦の意図せざる帰結について論じたものである。英米独仏日の事例に言及することで、佐藤は、総力戦がいかに国家の統治能力を高め、権利の平等を促進し、リベラルな国民国家の誕生を促したのかを説得的に描いている。

献身と犠牲を要求する戦争が平等という価値を創出することは、戦争が人間の集団同士の争いであることにも関わっているだろう。戦争(およびその予見可能性)は「味方」(たとえば「国民」)という共通のカテゴリーをつくりだし、人びとをそのメンバーにする。かれらの憎しみは、個々の人間に対してではなく、「敵」というカテゴリー、つまり抽象的な対象に向けられる。もちろん、人間は感情を持つ動物であり、他人に対してさまざまな憎悪を持ちうるが、戦争における憎悪とは、特定の誰かではなく、具体的な形をとらない「敵」「敵国民」に向けられるのだ。

これはいうまでもなく、戦争が人びとを「敵/味方」という二分法により区分するからである。かつての都市国家は確かに、戦争に際して運命共同体として存在し、城壁や城門がその形を具体的に表したかもしれない。だが、国民国家の外縁とは、はるかに抽象的なものだ。それでもなお、戦争は人びとを「国民」という運命共同体にし、友/敵に区分してしまう。「国民」は想像された共同性とされ、その構築性が論じられてきたが、B・アンダーソン自身が「かくも限られた想像力の産物のために、殺し合い、あるいはむしろみずからすすんで死んでいった」と述べたように、戦争に際し、強力な物理的力を作動させる規準として機能してきたのである。⑮

そして、戦争に求められるこの運命共同体は、国民みなが「平等」に参加した戦争という共通の記憶を創出する。⑯戦争における生活の切り詰めとして進むさまざまな消費財や生活様式の規格化が、平等の証として人びとに感受されることもある。多くの場合、こうした「平等」は欺瞞であるか、あるいは「下降的均質化」と表現しうるようなものである。⑰戦争にはあまりに多くの犠牲がともなうため、せめてその犠牲は公平であってほしいという願いが作用するのかもしれない。だが、軍隊外の社会的属性を問わない「兵営のなかの疑似デモクラシー」(丸山眞男)、将軍の最前線での戦死(山本五十六など)や最高学府の学生たちの兵隊化(学徒出陣)など、「平等」によって人びとが戦争に駆り立てられた側面もあることを、わたしたちは忘れるべきではないだろう。

以上、戦争が「自由」「豊かさ」「平等」のような、今日、人類普遍の価値とされるものそれぞれと、単に対立するという以上の深い関わりを持っていることを確認してきた。次節では、こうした価値のなかでも、もっとも根源的な問いを投げかける「自由と秩序」と戦争の関わりについてさらに考察をすすめよう。

三　自由と秩序——社会の起源としての戦争

1　暴力による紛争解決としての戦争

ここで、遅ればせながら、「戦争」を定義しておこう。戦争とは、少なくともその片方の当事者を国家とし、軍隊を用いて行われる紛争解決の一手段である——これがもっともシンプルな戦争の定義である。

もっともこのような説明が、近代の国家間戦争に呪縛されたものであることは、第六章の佐川徹論文「「国家に抗する戦争」と「新しい戦争」――文化人類学からのアプローチ」を読めば明らかである。今日の暴力現象の発生や展開を正確に理解し、暴力に関わる個人をむやみに他者化しないためにも、「国家のない社会」で発生する戦いに目を向けてきた文化人類学の知見は有用である。佐川の論考は、「戦争と社会」の関係に対するわたしたちのイマジネーションを大きく広げてくれる。

そもそも、わたしたちの社会はさまざまな争いに満ちている。それは、ミクロな人間関係でみてみれば、わたしたちがそれぞれ「自由」であるからだ。わたしたちがなにかを望むとき、それが他人の望まないものであれば、そこに争いの可能性が生まれる。望みに応じて自分のなにが賭けられるかは人それぞれであるけれども、それが命を賭けても叶えたい望みであるならば、争いは生死に関わるものとなる。どちらかの死によって争いを解決させる決闘がその典型だ。貴族にとって名誉とは命と同じかそれ以上に重要なものであったから、毀損された名誉を取り戻すために決闘で命を賭ける、ということがありえた。

一九世紀前半に書かれた古典『戦争論』においてC・クラウゼヴィッツは、国家同士の決闘に戦争の本質をみている。つまり、軍事力を手段とした紛争解決、換言すれば、暴力を背景にした自らの意志の貫徹、相手に対する強要である。曰く、戦争とは「異なる手段をもってする政治の継続」である、と。(18) わたしたちが自由になにかを望むかぎり、それが他の誰かの望み(とそのための自由)に抵触する可能性はもちろん常にある。

とはいえ、命を賭けた紛争解決など、そうあるものではない。わたしたちの社会においてほとんどの紛争解決は暴力抜きで法や話し合いによってなされるし、暴力をちらつかせて自らの意志を強要すれば脅迫となり、もちろんこれは違法である。それでもなお、「自由」と「紛争」は常に隣りあわせに存在している。

社会を、人びとの自由を調整し、調和を導出してゆく場だとするならば、国家の名のもとにそうした社会の本質が表れる一つの重要な場として、戦争を観察することができるはずである。

2　紛争解決の手段としての暴力をコントロールする（一）――社会契約

このような思考を紡いできたのが、「社会契約論」と呼ばれる思想的系譜に連なる人びとである。むきだしの自由が紛争を生みつづける状態、人びとが自らの暴力に紛争解決の手段をたのみ、ある意味で自由だが秩序がない状態を、一七世紀のホッブズは「自然状態＝戦争状態」と名付けた。[19] いわゆる「万人の万人に対する闘争」状態である。

もちろん、この状態をそのまま放置していても混乱はおさまらない。そこで、私的暴力の割拠を許さず、秩序創出・治安維持の手段たる警察力がつくりだされる。また、外国からの安全保障のための手段として、軍事力が必要とされる。こうして、人びとから私的な暴力行使の権利をとりあげ、警察力・軍事力を共同でつくりだし(社会契約)、そうした力を独占する制度として近代国家が案出されたのである。[20]

先に示した戦争の定義に戻れば、戦争の単位が国家であるのは、社会契約を結び、利害の一致を担保する共同性の範囲(共同体)として、その輪郭が比較的明快であるがゆえのことである。国家はその境界内部における「自然状態＝戦争状態」を終わらせる一方で、「国家の国家に対する闘争」という「自然状態＝戦争状態」は、国家の「自由」として認められることになる。これが、独立国家がそれぞれ持つとされる交戦権である。戦争をする権利(特に自衛戦争の権利)は、独立国家の要件なのだ。

もちろん、一九二八年のパリ不戦条約、一九四五年の国連憲章などが積み重ねられることにより、現代の世界において、国家の交戦権の自由な行使が認められているとはいえない。そして、それでも戦争は起こりつづけている。それはどのようなことを意味しているのか？

その検討に入るまえに、戦争にもルールがあることを確認しておこう。

3　紛争解決の手段としての暴力をコントロールする（二）——戦争という文明化と平和

近代国家が成立して以降、戦争は巨大化し、戦争における犠牲者は増大したが、一方で戦争以外の暴力行使の機会は明らかに減少した。中世の日常は、暴力にあふれた世界であったが、近代にかけてこれが統制されてゆくのである。㉑人びとの日常にあふれた暴力から国家による戦争へ——この暴力の移行を、スポーツと同じく「暴力の文明化」と把握する見方もある。㉒

戦争は、実際ルールに満ちており、それを規定しているのが戦時国際法である。㉓たとえば、兵士はなぜ軍服を着なければならないのだろう？　もちろん、スポーツをする選手と同様、敵／味方を識別するためと考えられる。また、仲間の一体感を高め、規律を維持するためでもある。だが「制服を着ること」は、そうした効率上の問題というだけでなく、国際法に書いてある条件なのである。

つまり、軍服を着た者は「敵」を殺してもよく、誰かの「敵」として殺される可能性がある。逆にいえば、軍服を着ていない者は、戦闘に参加してはならないということだ。兵士の兵士に対する殺害は、一般社会の殺人罪にはあたらない。このことが意味するのは、軍服を着ていない一般市民をゆえなく殺してはならないということである。そして、軍服を着用することなく戦闘に参加する武装ゲリラは、違法な存在である。それを許せば、戦闘に参加する可能性のある者として市民をゆえなく殺すことが許されることになるからだ。暴力の発動たる戦争であっても、そこには「ルール」がある。もう少し精確にいえば、軍服には、暴力の発動を戦争に制限するという試みの表れがあるのだ。

もちろん、弱小国の国民はゲリラ的に抵抗せざるをえない場合があるのだから、「兵士は必ず軍服を着ていなければならない」というルールは、一つの「文化（慣習）」でしかない。つまり、国家による決闘たる戦争は、軍事力の正面決戦によって雌雄を決するべき、という考え方（慣習）である。それを支える前提を「戦争の西洋的流儀」と呼ぶ。㉔

戦争の長い歴史のなかで形成されてきたものだ。

以上のような戦争のなかのルールは、国家が戦争する権利を持っていることそれ自体を制限するものではない。戦争禁止という国際規範は、国連憲章にも明確に書きこまれているが、国連安全保障理事会による集団安全保障措置や、個別的自衛権・集団的自衛権の行使という例外が設けられている。第七章の和田賢治論文「平和構築と軍事――「救援」と暴力のマネジメント」は、そのような例外としての平和構築に光をあてた論考である。国連マリ多元統合安定化ミッション(MINUSMA)を事例に、和田は、武力紛争の被害に苦しむ人びとを救援しつつ、秩序の不安定な場面では暴力によるマネジメントを強いられるという活動のジレンマを記述する。

国家が警察と軍という物理的暴力をその手中におさめたように、国際社会契約のなかで国際社会における国家の交戦権が放棄されるにはいたっていない。そのような世界政府を構想したのがI・カント『永遠平和のために』であったが、「契約」先の国連の権威は流動的であり、国際連合という「想像の共同体」はいまだ実現していない[25]。平和維持活動の強化は、この間隙を縫うように運用されているが、和田も指摘するように、国軍で戦争のための訓練を受けた兵士が平和維持要員となることには解消困難な矛盾が孕まれている。

4　「戦争による暴力のコントロールの破綻」という現在――「新しい戦争」

そうした試みが途上にあるなか、第九章の野上元論文「情報社会と「人間」の戦争」が論じるように、現代の戦争は「新しい戦争」と呼ばれるものとなっている[26]。野上は、メディア論者にとって戦争が「「人間」の拡張」の場であることに注目し、戦争と「人間」の変容を論じる。わたしたちがこの論考から知るのは、技術の発達によって人間が戦争から疎外される一方、常に技術革新を起こしながら「人間の拡張」を促し、「人間」をなかなか手放しはしない戦争の鵺《ぬえ》的な姿である。

「新しい戦争」の到来により、ギリシャ以来の「戦争の西洋的流儀」は確かに大きな変更を迫られてきた。

第一に、非国家主体である武装勢力との戦争では、戦時国際法の遵守を前提にできない。戦争における暴力行使は、狭義の戦場に限定されず、ありとあらゆる場と手段で(それが有効であると認定されるかぎり)行われる。軍人たちが士官学校で習う正規軍の正面決戦など、そこでは理想に過ぎないことになる。

第二に、「戦争」は定義されることなく(＝明確に限定されることなく)、始まり、終わる。それはなにも、非国家主体の武装勢力によるものにかぎった話ではない。二〇一四年のロシアのウクライナ侵攻は、正規軍の軍服を着ていない特殊部隊の宣戦なき進出によってなし崩し的に始まった。サイバー攻撃も手段として大規模に用いられ、これらはあわせて戦争の定義を破壊し、戦場や軍事の範囲を拡張してゆくことになる。こうした戦争は今や「ハイブリッド戦争」と名付けられている[27]。

さらに、この戦争は戦争への参加主体を、国家を代表する軍隊に限ることもない。いわゆる民間軍事会社(ＰＭＳＣ)と、そこで雇われる傭兵が加わるのである。かれらは軍隊の業務を助け、アウトソーシングによるコストカットを支えている。ネオリベラリズム社会における戦場の半官半民、「民活」である。

暴力の新しい形態たるこうした現代の戦争を見定める視座を、わたしたちは獲得しなければならない。第八章の大野光明論文「反暴力の現在――ポスト冷戦・「新しい戦争」・ネオリベラリズムのなかの日本の反戦・平和運動」が明らかにするように、このような戦争の形態の変化は、これに反対する運動のあり方にも影響を及ぼしている。暴力の悪循環の罠をなんとか避けながら抵抗の力を模索する「反暴力」の実践を、大野は沖縄における反基地運動のなかに見出している。「新しい戦争」の登場にともなって、これに抵抗する人びとをも含む「社会」のあり方もまた、問われているのだ。「戦争と社会」のうち、「戦争」が変われば「社会」も必然的に変化する。こうした変化を追尾してゆくことも、本シリーズに求められる使命の一つだろう。そしてこのような作業は、平井和子がコラム③「批判的思考の拠点としての「銃後史」」で記述する営みを受け継いでゆくものとなるだろう。

四　「戦争と社会」という問いのために

以上のように、わたしたちは今、社会に浸透する戦争の根深さから目をそらすことなく、社会が戦争を生み、戦争が社会を生む、その循環にメスをいれることを求められている。戦争を問うためには社会を問わねばならず、戦争を問うことで、わたしたちの社会がなにに依拠し、なにを前提として成り立っているのかが明らかになる。

第五章の吉良貴之論文「戦争と責任――歴史的不正義と主体性」が論じるように、戦争という大きすぎる害悪を前に、わたしたちはしばしば戸惑い、反発し、目を背けようとする。だが「わたしたち」とはそもそも誰／何か。法哲学に依拠し、吉良は、過去の世代が行った戦争や植民地支配の責任を、わたしたちはなぜ、どのように負うべきなのかという問いを、加害／被害主体の歴史的同一性／非同一性やそれによる正負の遺産の継承可能性と絡め、被害の矯正の方法の問題へと丁寧に一つずつ腑分けしてみせる。「戦争と社会」という問いに挑むために必要なのはこのような繊細で解剖的な作業であろう。

そして、戦争と社会とは、元来、別個のものですらないともいえる。社会には戦争が埋めこまれており、戦争には社会が根差している。そうした認識を出発点に刻むものとして、本シリーズのタイトル「戦争と社会」はつけられた。

戦争を社会的な存在として捉えようとするわたしたちは、戦争を「あってはならないもの」としたいがあまりに探究の外に置くようなことはしない。高橋博子がコラム①「現代における軍事と科学」で記述する科学の戦争利用の歴史を胸に刻みつつ、それでも、戦争が「あること／ありうること」を前提にこれを徹底的に見つめてゆく。過去の戦争があったこと、そしてこれからも戦争がありうることを念頭に、そのメカニズムを理解しようとする。

もしかするとそれはある意味で、戦争に「言い分」を認めてあげることにつながるかもしれない。しかし、「言い分」を認識することと、それを「あってよいもの」とすることは違うはずだ。本総説で見てきた通り、現代の戦争は、よりいっそう見えにくい現象となっており、暴力は拡散しつづけている。社会における戦争と軍事の根深さに打ち克つためには、それをどこまでも深く追いかけ、洞察してゆく以外には、ない。

（1）　竹内洋『立志・苦学・出世――受験生の社会史』講談社学術文庫、二〇一五年、大川清丈『がんばること／がんばらないことの社会学――努力主義のゆくえ』ハーベスト社、二〇一六年。

（2）　宇沢弘文『自動車の社会的費用』岩波新書、一九七四年、金子淳「交通戦争の残影――交通公園の誕生と普及をめぐって」『静岡大学生涯学習教育研究』一〇号、二〇〇八年。

（3）　B. Anderson, *Imagined Communities: Reflections on the Origin and Spread of Nationalism*, Verso, 1991（白石隆・白石さや訳『定本 想像の共同体――ナショナリズムの起源と流行』書籍工房早山、二〇〇七年）。

（4）　N. Elias and E. Dunning, *Quest for Excitement: Sports and Leisure in the Civilizing Process*, Blackwell, 1986（大平章訳『スポーツと文明化――興奮の探求』法政大学出版局、一九九五年）。

（5）　上野義和・中桐謙一郎「日本語のメタファー――野球は戦争である」『Cosmica: Annual report on area studies: 地域研究』（京都外国語大学）三四号、二〇〇四年、松井真人「スポーツとレトリック――日本野球におけるメタファー」『芸文研究』（慶應義塾大学藝文学会）七四号、一九九八年。

（6）　日常に根ざした「軍事化」（何かが徐々に、制度としての軍隊や軍事主義的基準に統制されたり、依拠したり、そこからその価値をひきだしたりするようになっていくプロセス）に関しては、C. Enloe, *Maneuvers: The International Politics of Militarizing Women's Lives*, University of California Press, 2000（上野千鶴子監訳／佐藤文香訳『策略――女性を軍事化する国際政治』岩波書店、二〇〇六年）、C. Enloe, *The Big Push: Exposing and Challenging the Persistence of Patriarchy*, Myriad Editions, 2017（佐藤文香監訳／田中恵訳『〈家父長制〉は無敵じゃない――日常からさぐるフェミニストの国際政治』岩波書店、二〇二〇年）。また、核戦略に携わる防衛専門家の参与観察から、言語の習得と「精神の軍事化」プロセスを分析した論文として、C. Cohn, "Sex and Death in the Rational World of Defense Intellectuals", *Signs: Journal of Women in Culture and Society*, Vol. 12-4 (1987), pp. 687-718（佐藤文香監訳／本山央子訳「防衛専門家たちの合理的な世界におけるセックスと死」海妻径子・佐藤文香・兼子歩・平山亮共編『男性学基本論文集』勁草書房、近刊)。

(7) R. Caillois, *Bellone ou la pente de la guerre*, Renaissance du livre, 1963(秋枝茂夫訳『戦争論――われわれの内にひそむ女神ベローナ 新装版』法政大学出版局、二〇一三年)。

(8) 小熊英二『市民と武装――アメリカ合衆国における戦争と銃規制』慶應義塾大学出版会、二〇〇四年。

(9) 野上元「市民社会論の記述と国民の戦争」内田隆三編『現代社会と人間への問い――いかにして現在を流動化するのか』せりか書房、二〇一五年。

(10) W. Sombart, *Krieg und Kapitalismus, Studien zur Entwicklungsgeschichte des modernen Kapitalismus*, Bd. 2, Duncker und Humblot, 1913(金森誠也訳『戦争と資本主義』講談社学術文庫、二〇一〇年)。

(11) 山之内靖『総力戦体制』ちくま学芸文庫、二〇一五年。

(12) S. Buck-Morss, *Dreamworld and Catastrophe: the Passing of Mass Utopia in East and West*, MIT Press, 2000(堀江則雄訳『夢の世界とカタストロフィ――東西における大衆ユートピアの消滅』岩波書店、二〇〇八年)。

(13) 野上元「消費社会論の記述と冷戦の修辞」福間良明・野上元・蘭信三・石原俊編『戦争社会学の構想――制度・体験・メディア』勉誠出版、二〇一三年。

(14) その現在的な表れとして、A. Negri and M. Hardt, *Empire*, Harvard University Press, 2000(水嶋一憲・酒井隆史・浜邦彦・吉田俊実訳『〈帝国〉――グローバル化の世界秩序とマルチチュードの可能性』以文社、二〇〇三年)。

(15) 前掲注(3)Anderson 1991, p. 26 参照。

(16) そうした記憶の集合性・全体性から抜け落ちるものの重要性を指摘した議論として、安田武『戦争体験――一九七〇年への遺書』ちくま学芸文庫、二〇二一年、冨山一郎『戦場の記憶 増補版』日本経済評論社、二〇〇六年を参照。

(17) これを「平等」と区別するために、「平準化」と呼んでもよいだろう。

(18) C. von Clausewitz, *Vom Kriege*, 1832-34(篠田英雄訳『戦争論 上』岩波文庫、一九六八年、五八頁)。

(19) T. Hobbes, *Leviathan*, 1651(水田洋訳『リヴァイアサン 一―四』岩波文庫、一九九二年)。「国家のない社会」へのホッブズ的な見方に対する「未開社会」研究からの反論は、本巻第六章佐川論文を参照せよ。

(20) M. Weber, *Politik als Beruf*, 1919(脇圭平訳『職業としての政治』岩波文庫、一九八〇年)。

(21) N. Gonthier, *Cris de haine et rites d'unité. La violence dans les villes, XIIIe-XVIe siècle*, Brepols, 1992(藤田朋久・藤田なち子訳『中世都市と暴力』白水社、一九九九年)、M. Nassiet, "La violence et la baisse de la violence en France du XVIe au XVIIIe siècle", 2013(石井三記・嶋中博章・福田真希訳「一六世紀から一八世紀フランスにおける暴力とその衰退」『名古屋大学法政論集』二五三号、二〇一四年)。一方、このような「暴力の衰退」説に対する反論として、本巻第二章佐藤論文を参照せよ。

(22) 前掲注(4)Elias and Dunning 1986.「暴力の文明化」を軸にした社会理論を構築したN・エリアスの作業を学説史的に考察したものとして、奥村隆『エリアス・暴力への問い』勁草書房、二〇〇一年を参照。

(23) 戦時国際法は、戦争を開始してよい条件を明示する開戦法規(jus ad bellum)と、戦争のなかで守るべきルールを表す交戦法規(jus in bello)にわかれており、ここでは後者を論じている。これは、簡単に無秩序に陥りやすい状況をコントロールする海洋法に範を求めながら、国家間の戦争を秩序あるものとして文明化するものである。

(24) M. van Creveld, *The Culture of War*, Presidio Press, 2008(石津朋之監訳『戦争文化論 上・下』原書房、二〇一〇年)、H. Sidebottom, *Ancient Warfare: A Very Short Introduction*, Oxford University Press, 2004(吉村忠典・澤田典子訳『ギリシャ・ローマの戦争』岩波書店、二〇〇六年)など。

(25) I. Kant, *Zum Ewigen Frieden: Ein philosophischer Entwurf*, 1795(宇都宮芳明訳『永遠平和のために』岩波文庫、一九八五年)。カントからヘーゲル、ハイデガーやアーレント、ハーバーマスなどの思想のそれぞれを「戦後」の思想と考え、平和思想の系譜として論じた、細見和之『「戦後」の思想――カントからハーバーマスへ』白水社、二〇〇九年を参照。

(26) 本巻第六章佐川論文は、「国家に抗する戦争」に関する文化人類学的な知見から、この「新しい戦争」の新規性を相対化する視座を与えてくれる。

(27) 小泉悠「ウクライナ危機にみるロシアの介入戦略――ハイブリッド戦略とは何か」『国際問題』六五八号、二〇一七年。また、現代の軍隊・軍事におけるハイブリッド性については、河野仁「「新しい戦争」をどう考えるか――ハイブリッド安全保障論の視座」前掲注(13)福間・野上・蘭・石原編 二〇一三年を参照。

第Ⅰ部

戦争・軍事への問い

第1章

兵になり兵に死す
――学徒兵の精神構造をめぐる一考察

青木秀男

はじめに

戦場で倒れて今際《いまわ》の際《きわ》に、ある兵士は「お母さん」と叫んだ。ある兵士は「天皇陛下万歳」と叫んだ。ある特攻隊員は、出撃の前夜、なお残る生の執着に煩悶して慟哭したが、翌朝には、笑顔を浮かべて颯爽と飛び立った(1)。どちらが兵士の真の姿だったのか。そうではない。「お母さん」と「天皇陛下万歳」、涙と笑顔の間に何があったのか。これまでしばしば、兵士は二つの像に引き裂かれてきた。しかしそうではない。兵士はだれもがそれらの両極を往還した。二つの兵士像は、兵士たちの死は殉死だったか犬死にだったかという議論に行きつく。しかしそのように問うては、肝心なものが見えない。兵士たちの死は、価値の問題ではなく事実の問題である。これが本章の仮説であり、兵士の精神遍歴を理解することが、本章の主題である。本章は、反証可能な一つの精神構造の解釈を提示する。ここで精神構造とは、丸山眞男の語に由来する。そして、イデオロギー・生活意識・心情の全体を精神構造と呼ぶ。戦地・戦場で兵士たちが何をしたかの研究は多い。しかし、その時彼らが何を考え、何を感じたかの研究は少ない。本章は後者に関心をもつ。

兵士の戦争体験は多様である。精神構造も多様である。多様性を見るには、その全体を見る必要がある。全体はどうすれば見えるのか。兵士が書いた手記（日記・手紙・遺書・メモ等）を読み、個々の兵士の特徴を抽出して兵士の類型を構成する。もって兵士の全体像に迫る。その時、把握可能な兵士のすべての事実を逃さないこと、分析者の価値に不都合な事実も取り込むこと。精神構造の全体を見るには、「死者の言葉を死者の言葉のままに、まるごと聴こうとする「生者」の姿勢の謙虚さ[2]」が必要となる。

精神構造の全体を見るには、条件がもう一つある。兵士の精神構造には前史がある。一方に忠君愛国を信じ、戦争を聖戦と思う兵士がいた。他方に自由を愛し、戦争を批判する兵士がいた。しかし彼らはいずれも、最初からそうだったわけではない。彼らは、時代の中で愛国主義者になり、自由主義者になった。そして兵士になった。精神構造の分析にとって、その前史の分析は必須である。

なぜ本章は、兵士の精神構造に関心を抱くのか。兵士は戦争の時代を生きた。戦争と徴兵[3]の圧倒的な力を前に、若者たちは戦争を、死をどのように受容したのか、しなかったのか。ひたすら内面世界へ自閉した若者でさえ、時代を引き受けていた。「「侵略戦争」を支持した者は、ひとり残らず懺悔の上にたつ再出発が必要ではないだろうか[4]」。「口先だけで支持したのだ」という自己弁解も、「強いられ、目かくしされていたのだ」という逃避も許されない。「平和」を生きる私たちも、この言葉から自由でない。しかし、まずは私の価値は横に置こう。そして兵士の現実に向き合おう。それは、私たちの「人間と時代」を照らし出す。「私たちは戦争を直接体験することはできないし、ましてや戦場での死を体験することもできないが、それでも、「兵士という文体」の成り立ちを検討し、「戦争体験」を取り巻く／によって媒介される書記の空間の広がりを知ることによって、それらを想像することができるわけである[5]」。

一　精神の前史

1　兵士と学徒兵

兵士は一人ひとり異なる。出身階層、教育歴、入隊時期、軍隊内地位、戦闘体験により、精神構造も異なる。本章は、対象をその一つ、アジア太平洋戦争期に生きた学徒兵に絞り、その精神構造を分析する。学徒兵は兵士の一部である。なぜ学徒兵なのか。学徒兵の精神構造の、その骨格は、兵士全体のそれと同一であった。その上で、学徒兵の精神構造には、次のような傾向があった。一つ、学徒兵は書くことに慣れていた。彼らの手記は分量が多く、体験、思想、思考、心情の記述は豊かである。それは、精神構造分析の最適のテキストとなる。二つ、学徒兵は、戦争・徴兵・戦死の意味を希求した。そして生と死の間で煩悶した。彼らの手記は、懊悩する言葉で溢れている。その分彼らの精神構造は鮮明である。三つ、学徒兵の多くは戦争末期に徴兵された。兵士に占める学徒兵の比率は、一九三七―四〇年に三・七％、一九四一―四五年に三・三％であった。[6]兵士は、一九三七年に一〇〇万人を超え、四三年に三五八万人、四四年に五四〇万人、四五年に七三四万人であった。[7]つまり、学徒兵の比率は微減したが、実数は激増した。戦争末期は戦死の確率が高く、学徒兵はいつも死の危機にあり、不安と恐怖に苛まれた。

　これらの事情により、学徒兵の数は少なくとも、その精神構造は、兵士全体のそれを代表する。その手記は、精神構造分析の最適のテキストとなる。それはとくに、徴兵から特別攻撃までの短く凝縮された時間を生きた特攻隊員についていえる。

2　学徒兵と時代

学徒は社会のエリートであった。昭和一〇年代に、高等教育機関への男性の進学率は、旧制高校・専門学校・大学予科・高等師範学校が約五%、旧制高校・帝国大学ルートをとった者が〇・七%程度であった[8]。その多くが、子弟を高等教育機関へ送る余裕がある家庭の出であった。その点で学徒兵は、庶民兵(とくに農民兵)や少年兵と対照される。また、学徒兵自身も多様であった。どの時期の学徒兵かにより、精神構造は異なった。安川寿之輔は、思想形成の時代的条件に着目して、学徒兵を「前わだつみ世代」(一九〇八―一九年生まれ)と「わだつみ世代」に分け、後者を「自由主義思想残光期」(一九二〇―二二年生まれ)と「自由主義思想消滅期」(一九二三―二五年生まれ)に分けた[9]。吉田満と森岡清美は、とくに戦没者が多かった一九二〇―二三年生まれの学徒兵を「散華の世代」と呼んだ[10]。

学徒兵は何人いたのか。その数の算出は容易でない。学徒の戦争動員には、四つの画期があった[11]。一つ、一九三九年の兵役法改正による徴集延期年齢の上限引き下げ、二つ、一九四一年の高等教育機関の年限短縮、三つ、一九四三年夏の陸海軍による航空機搭乗員などの大量動員、四つ、同年一〇月の在学徴集延期臨時特例による学徒出陣である。旧制大学・高等学校・専門学校の学生は、兵役法などの規定により最高二七歳まで徴兵を猶予されていた。しかし、一九四三年一〇月に文科系学生・生徒の徴集延期が停止され、学生は二〇歳で繰り上げ卒業し、徴兵された(翌年には一九歳とされた)。そして、明治神宮外苑競技場等での出陣学徒壮行会を経て、同年一二月、約九万人の学生が徴兵検査を受け、うち四万七八八二人が入隊した[12]。学徒は、入隊後、航空機搭乗員や下級指揮官、経理・主計担当の士官になり、激戦地へ送られ、また特攻隊員になった。

3　精神の基盤

安川によれば、「前わだつみ世代」は体制・軍隊批判意識が強い世代であり、「わだつみ世代」の「自由主義思想残光期」は批判意識が後退したが、自由主義の残光に接触できた世代であり、「自由主義思想消滅期」は批判意識獲得の機会が閉ざされ、自由主義に接触する機会がなかった世代であった[13]。本章はこの安川の分類に倣う。総じて学徒兵は、どのような時代の基盤の上で、その精神を形成したのか。

学徒は、軍国主義の時代を生きた。軍事優先の力が、国民の生活の細部に浸入し、イデオロギー、生活意識、心情を捉えた。一九二〇年代末より言論統制が強まった。言論統制は、治安維持法（一九二五年公布）により行われた。その第一条には、「国体（若《もし》ハ政体）ヲ変革シ又ハ私有財産制度ヲ否認スルコトヲ目的トシテ結社ヲ組織シ又ハ情ヲ知リテ之ニ加入シタル者ハ十年以下ノ懲役又ハ禁錮ニ処ス」とあった。同法による逮捕者は数十万人、送検者は一九二八―四五年に七万五六八一人、起訴者は五一六二人という。(14) 学問の府・大学は、言論統制の標的であった。すでに一九一〇年代より、進歩的教授の追放が始まっていた。大学は、次第に戦力補充の場とされ、教育の軍国主義化が進んだ。「前わだつみ世代」は、一〇代後半～二〇代前半に、軍国主義批判の社会運動が高まり、同時に、それが厳しく弾圧される時代に生きた。「わだつみ世代」は、一〇代後半以後、軍国主義批判の社会運動がほぼ消滅し、社会も大学も戦争一色の時代にあった。

4　精神の実践

精神の基盤は、実践（行為）の器である。実践は、精神（イデオロギー、生活意識、心情）の表出である。基盤・実践・精神は、たがいに強化しあう。学徒は、日々、軍国主義に関わる出来事を前にした。国民を天皇崇拝・国体護持・戦争協力に駆る出来事が、生活全体を覆った。たとえば昭和期には、一年中何かの旗日があった。四方拝《しほうはい》、元始祭、紀元節、陸軍記念日、春季皇霊祭、神武天皇祭、昭和天皇の天長節、海軍記念日、秋季皇霊祭、神嘗祭《かんなめさい》、明治節、新嘗祭《にいなめさい》、大正天皇祭。国民は、これらの旗日に国旗を掲揚し、式典に出席し、君が代を歌い、天皇万歳をした。軍隊の行事、兵士の送迎、戦勝祝賀等の提灯行列に参加した。さらに天皇・国体・戦争に関わる出来事が、地域・学校・職場・家庭を覆った。そして学徒も、この時代の国民であった。学徒がこれらの出来事にどう関与したかは、人により世代により異なる。前わだつみ世代からわだつみ世代へ、自由主義思想の残光期から消滅期へ、生活の軍国主義化は強まった。学徒は、知に目覚めてより天皇・国体・戦争の空気を吸った。それは、学徒の精神を育む重要な実践であった。大学はさながら軍隊の予備校であった。一九三九年に軍事教練が必修となった。各個教練、部隊教練、射撃、指揮法、陣中勤務、手旗信号、距離測量、測図学、軍事講話、戦史等[15]。一九四三年に体育訓練が強化され、戦場運動・射撃等の戦技訓練、体操・陸上運動・柔道・剣道・相撲・水泳等の基礎訓練、航空機の操縦や自動車の運転等の特技訓練が行われた。学徒は、配属将校による軍事教練を受け、卒業後すぐに軍人となることが期待された。また、勤労動員で軍需工場へ駆り出された。

大学には、軍国主義に共鳴／反対する教師・学徒がいた。大学は政治運動の坩堝《るつぼ》であった。一方に、左翼教師・学生の運動があり(ロシア革命から一九二〇年代に隆盛をみたが、その後、弾圧されて潜行する)、他方に、国体護持・軍国主義に共鳴する右翼教師・学生の運動があった(一九三〇年代以後に隆盛する)。これらの運動は、帝国大学や旧制高校でいっそう強かった[16]。旧制高等学校的な教養主義が、左翼学生・右翼学生をともに輩出する「培養器」として機能した。ただし、これらの運動に参加した学徒は一部であった。大正末―昭和期に、左翼学生は全学生の(せいぜい)三％、右翼学生は二―四％であった[17]。「筆者の知っていたかぎりでの東京帝国大学医学部及び文学部の学生の大多数は「政治に無関心」であった。ということは、みずから検討することなしに、戦争宣伝の新聞記事をそのまま鵜《う》呑みにしていたということである」[18]。アジア太平洋戦争に入り、戦線が拡大し、国民が勝ち戦《いくさ》に熱狂した。学徒もその流れの中にいた。大学の体制も同じであった(現在、総力戦期の大学の戦争への強制的・主体的協力の実態が、各大学の史誌等において明らかにされつつある)[19]。日米開戦翌日の新聞には、次のようにあった。「いま聖戦の大詔を拝し、恐懼《きょうく》感激に堪えざるとともに、粛然として満身の血のふるえるを禁じ得ないのである。一億同胞、戦線に立つものも、銃後を守るものも、一身一命を捧げて決死報国の大義に殉じ、もって宸襟《しんきん》を安んじ奉るとともに、光輝ある歴史の前に恥じることなきを期せねばならない[20]」。日本中が万歳の歓呼で沸き返った。戦争に懐疑的であった学徒も、戦争賛成へ急旋回した。「早稲田においては戦局に対するさらに深い直視が学生の間に支配し、国家的使命に対しては捨身的情熱を捧ぐべしという声がみなぎった[21]」。

二　戦争と徴兵

1　精神の条件

学徒の精神は、このような軍国主義の基盤と実践の上で形成された。学徒兵の精神構造はどのようなものだったのか。その分析に入る前に、分析の前提条件に言及しておく。一つ、学徒は、入隊前に育んだ精神構造を携えて兵士になった。その精神構造は、軍隊・戦場・戦闘の中で変容した。しかし、その骨格は入隊前のものであった。これが、学徒兵の精神構造分析の第一の前提である。

二つ、学徒は、徴兵により兵士になった。徴兵を拒む者はいた。兵士になった後、軍隊で反抗する者もいた。しかし多くの学徒は兵士になり、軍務についた。この事実が、学徒兵の精神構造分析の出発点となる。軍国主義の力が大きかろうと、抵抗がいかに困難であろうと、兵士になったのは学徒自身の選択である。これが、精神構造分析の第二の前提である。治安維持法の逮捕者には、学徒が少なくなかった。彼らは軍国主義に抗った。そして獄に繋がれた。ある若者は、獄中で次のような詩を書いた。「この道を歩けば損であり／身の破滅であることを／はっきりと知っていて／然《し》かも破滅の道を／歩かずに居られない気持……[22]」。これも一つの選択であった。その他、軍隊内外で兵役を拒否する種々の方途があった。死亡診断書の偽造による徴兵忌避、身体毀損による召集解除、逃亡等による徴兵拒否、軍隊内での幹部候補生試験の拒否・意図的不合格、命令不服従、対上官暴行、離脱・脱走、特攻隊員指名の拒否等の反抗・抵抗。[23]「対上官暴行罪、抗命罪、奔敵者の増加……北シナ方面軍の第十二軍法会議は、一九四一年から四三年のあいだに、上官暴行三十、抗命十、奔敵（敵軍に走る）十六等五九九の処刑を記録する」[24]。動機や方法はどうであれ、多くの兵士が軍隊と戦争に反抗・抵抗した。「Sはこの〔特攻出撃の〕命令に対して、身体不調を理由に出撃不能を表明した」[25]。

三つ、学徒兵には、戦争や軍隊そのものを心中で拒む自由主義者がいた（数は少ない）。「明日は自由主義者が一人この世から去って行きます。彼の後姿は淋しいですが、心中満足で一杯です」[26]。彼らは、「反戦運動の挫折、中国侵略への懐疑、既成の社会に同化できないにも拘らず与えられた運命に忍従していかねばならなかった」[27]。自由主義を貫けず、兵役を拒めず、行動で抵抗できず、しかし自由主義は捨てない。これが、多くの自由主義者の学徒兵の位置であった。「私は私の殻の中にとじこもって自分のイズムを守って行こう」[28]。それは、いわば「融和的自由主義」であった。これが、精神構造分析の第三の前提である。「厭戦はたしかに戦争に抵抗しようとする意思表示である〔それも勇気を要する行為であるが〕。しかしそれは反戦とは異なる。反戦の芽とはなりえても、単なる戦争嫌悪にとどまる限り、自分の手を戦闘行為で汚すまいとする目的にとどまるであろう」[29]。

2　学徒兵の態度

一九六〇年代初め、筆者が大学で師事した教授は、旧制第四高等学校時代、左翼活動で逮捕され、釈放後、戦場へ送られた。彼は、拷問の火箸で焼かれた足の傷跡を見せながら、「結局僕にできたのは、戦場で「突っ込むな、死ぬな、壕に隠れておれ」と、心急《こころせ》く部下（の兵たち）を制するくらいのことだった」と語った。ばれたら敵前逃亡罪で死刑であったろう。彼は、過酷な時代の融和的自由主義者の一人であった。

これまで学徒兵は、理想主義的に描かれる傾向にあった。そして、愛国主義者の学徒像と自由主義者の学徒像が対立した。しかし現実の学徒兵は、その両極の間のどこかにいた。そして、「社会主義者にとどまらず「自由主義者」と区分されていた知識人による状況追随的な戦争協力や、体制内批判の意図が総力戦体制の高度化を下支え[30]」していた。多くの学徒は、「日常的な目先の、または自分だけの生活にだけかまけているうちに、いつのまにか、戦争体制がつくられてしまい、戦争がはじまってからは、もはや、やめさせることがいちじるしく困難になり、結局まきこまれて、自己の生命をむなしく失わされて[31]」しまった。その中で学徒は、戦争と徴兵へ多様な態度で臨んだ。学徒の精神構造は複雑であった。

戦死の意味に関わって、もう一つ軍隊（規律と生活）への態度がある。軍隊は、学徒兵が生死を共にした集団である。兵士の軍隊観は、入隊前・入隊後・戦場経験後に変容した[32]。それは戦争・徴兵への態度とは別に、兵士の戦死の意味に大きく影響した。また特攻隊員には、戦死の意味に関わって、特別攻撃による「確実な死」の受容／拒絶という、もう一つの選択（強制）があった。飛行機の事故で基地へ戻った特攻隊員は、戦争の意味を潔く受容しなかった「不忠者」、他の特攻隊員の死に続かなかった「不義者」として批判された。本章は、軍隊観の中身、特攻隊員の固有の境遇には踏み込まない。筆者は、先に特攻隊員の精神構造を分析した[33]。

ここで、学徒兵が戦時に戦場・戦地・基地で書いた手記を基に、「戦争」と「徴兵」の二項を軸として、学徒兵の態度を類型化する。手記の解釈には、次のような留意点がある。手記の言葉や文章は多義的であり（厚い記述）、多様な解釈に開かれている。分析者は、そこから特定の意味を抽出する。ゆえに解釈はつねに反証可能である。次に、それらを文脈に沿って解釈し、さらに時代と社会の文脈へ位置づける。こうして解釈の妥当性が確保される。以下の分析でもこの手順が踏まれる。

戦没学徒の手記等を収めた日本戦没学生記念会編『きけ わだつみのこえ』の編集について批判が出され、編集側もその欠陥を認めてきた。しかしそれでも、戦没学徒の精神を伝える同書の意義は些《いささ》かも減じていない。彼らの叫びは、編者の作為を突き抜け、戦争の時代の無数の呻きを伝えている。大事なのは、手記を読む者の想像力と方法である。どこまで彼らの言葉に心と知を重ねることができるか。それは、靖国神社編『いざさらば我はみくにの山桜』も同じである。戦没兵士の叫びは、編者の作為を突き抜けている。大事なのは、価値(イデオロギー)ではなく、事実と解釈である。「それがいかに勇ましい乃至《ないし》潔《いさぎよ》い言葉で綴《つづ》ってあっても、悲痛で暗澹《あんたん》としている(34)」。

さて、学徒兵の戦争と徴兵への態度はどうだったのか。以下、学徒兵の手記から五つの類型を構成する。

散華《さんげ》型：正義の戦争だから徴兵に応じる

戦争はアジア解放・大東亜建設の聖戦である。天皇の赤子《せきし》として戦い、尽忠報国に命を捧げる。それでこそ美しい祖国を守り、大恩ある父母へ恩返しができる。散華して国に殉ずることができる。

宿命型：戦争は宿命だから徴兵に応じる

戦争の意味がどうであれ、徴兵に応じることは時代の宿命であり、国民の義務である。戦死は怖いが、宿命に身を任せるしかない。

生命《いのち》型：戦死は嫌だから徴兵に応じ(たく)ない

戦争の意味がどうであれ、徴兵に応じ(たく)ない。わが命が大事だし、死ぬのは怖い。戦争で死にたくない。

受忍型：戦争は嫌だが徴兵には応じる

戦争は嫌だが、徴兵に応じざるをえない。徴兵を拒めば、私も家族も非国民になり、わが家が没落する。軍隊からの逃亡もできない。だから戦死もやむを得ない。
反抗型：戦争に反対だから徴兵に応じ(たく)ない
戦争は人間の殺し合いであり、不正義である。自分が戦死するのもおかしい。戦争拒絶の思想に殉じ、徴兵には応じ(たく)ない。

散華型は、「自らの状況規定により役割を取得して、その遂行に倫理的満足を見出す」「主体的役割人間[35]」の兵士像である。彼らは、国に殉じることが父母に恩返しすることだと考える。「皇国日本に於ては忠孝は一本であります。大君に忠節を捧ぐる事之より大なる孝は無いと信じます[36]」。兵士の心中で、国家(公の価値)と父母(私の価値)は繋がっていた。

一九四三年一〇月二一日の明治神宮外苑競技場での出陣学徒壮行会において、東条英機首相は訓示の中で次のように述べた。「この一切を大君の御為に捧げ奉るは皇国に生をうけたる諸君の進むべきただ一つの途である。諸君が悠久の大義に生きる唯一の道なのである[37]」。ここに忠は登場するが、孝は登場しない。「皇国」から情緒的な「家族」の意味が消去されている。学徒兵は、そこへ私的な心情を挿入した。

宿命型は、「現行の習俗化した社会規範にしたがって役割を把握し、その遂行に倫理的満足を見出す」「習俗的役割人間[38]」の兵士像である。徴兵に応じる動機を宿命という超越的な力に委ねる。その時戦争の意味は問わない。「戦の性格が反動であるか否かは知らぬ。ただ義務や責任は課せられるのであり、それを果たすことのみが我々の目標なのである[39]」。彼は、「非条理を非条理のままに割りきらせる転回点」にあって思考を切断する「一切放下[40]」の状態にある。こうして彼は、生死の迷いを吹っ切る。彼の戦争・徴兵自体の理解は、散華型と生命型の間で揺れた。

受忍型では、父母への愛着が戦争への疑問(反戦・非戦・厭戦)を凌駕している。徴兵に応じないと私も家族も非国民になる。父母を悲しませることはできない。心中は不承だが徴兵に応じよう。「特攻隊員としての殊勲の全軍布告は遺族だけでなく郷党にも名誉をもたらし、その名誉は郷党から遺族へ賞賛となって還元される結果、親は息子の戦死によって郷党からも名誉と賞賛を与えられ、かくて忠と孝の一致が実感される[41]」。

国家と父母を両極に置くと、戦争と徴兵の受容の強さは、散華型、宿命型、受忍型の順になる。学徒兵は徴兵に応じて兵士になった。ゆえに論理的には、学徒兵に生命型と反抗型はいない。しかし、兵士にはなったがその態度を捨てない者はいた。生命型は、国家の命に背いて心中で戦争を拒絶する。その動機は私的価値（死ぬのは嫌だ）にある。他方で反抗型は、支配的な公的価値（天皇・国家）ではなく、対抗的な公的価値（社会主義、自由主義、宗教信仰）を抱いて、前者を拒絶する。反抗型の価値の基底に生命尊重の思想があるかぎり、それと生命型は通じあう。いずれも、兵士にはなったが心中で戦争と死を拒絶した。生命型では、「故郷へ生還する」が軍隊生活の行動基準となった。反抗型の学徒兵は、「思想警察の重圧の下で読書にあき、思索にたえられなくなり、行動によつて何等かの収獲を得ようというぼんやりした期待をもつて軍隊にはいつた[42]」。そして軍隊で、秘かに信条を抱き続けた。ある学徒兵は、兵舎でレーニンの『国家と革命』を「一枚ずつ千切って便所のなかで読み、細かく切り刻んで捨てるか、ばあいによっては食べてしまった[43]」。

三　価値と表象

1　価値世界

学徒兵は、戦争と徴兵への態度（散華型〜反抗型）を三つの価値に準拠して決めた。国家・家族・個人である。図1を見られたい。それは、学徒兵の手記から重要な言葉・文章を抽出し、論理的・意味的に構成した、精神構造の解釈枠組である。図は、学徒兵の自己認識の枠組である。それは、他者認識（学徒兵のアジア人認識）の枠組と表裏の関係をなす[44]。自己認識は、他者認識を介して形成される。図中の天皇・国家・祖国・故郷（ムラ）・家族はすべて、現実のものではなく、学徒兵が心中で抱いた表象（情緒化され、思念された価値）である。

2 国家の価値世界

学徒兵は、戦争と徴兵への態度を選択する時、国家の価値世界に準拠した。先の散華型の学徒兵がこれに該当し、宿命型がそれに続く。ここで、国家の価値世界を〈忠義の共同体〉と呼ぶ。それは、天皇・国家・祖国の表象から編成される。天皇は国家の庇護者であり、兵はその臣民である。祖国は、国家の情緒的表象である。「我等は喜んで国家の苦難の真只中に飛込むであろう。吾等は常に偉大な祖国、美しい故郷、強い女性、美しい友情のみの存在する日本を理想の中に確持して敵艦に粉砕する[45]」。戦《いくさ》に負ければ、祖国が敵に蹂躙される。美しい故郷が荒廃する。愛する家族が不幸になる。だから戦には負けられない。「〔中国人が日本兵に殴打される様子を見て〕戦に敗れたら日本人が敵国からこういう目に合わされるのだ。絶対に戦さにだけは負けてはならぬ[46]」。そのためには、国家の庇護者・天皇の御心のまま、国家の命に服さなければならない。「天皇陛下万歳」は「大日本帝国万歳」であり、「大日本帝国万歳」は「祖国万歳」である。「彼らは、天皇ということばに〃全日本人〃の意味を託し、神州ということばに〃故郷〃を象徴させていたのだ[47]」。

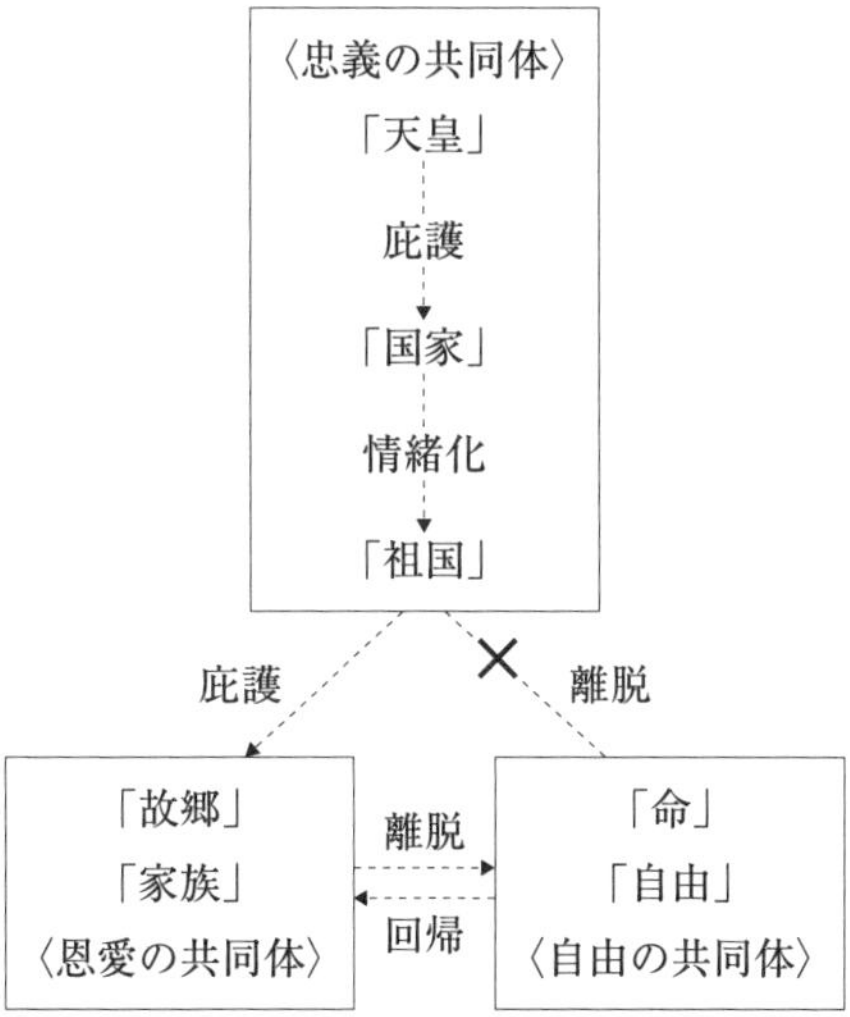

図1　学徒兵の精神構造

死んだら「靖国で会おう」。これが彼らの合言葉であった。

3　家族の価値世界

国家は祖国へ具象化される。祖国は故郷へ、故郷は家族へ具象化される。祖国は故郷を庇護し、故郷は家族を庇護する。ここで、故郷・家族の価値世界を〈恩愛の共同体〉と呼ぶ。故郷の中心に家族がいる。家族には父母がいて、妻がいて、子がいて、（家族同然の）恋人がいる。〈恩愛の共同体〉の中心には母がいた。父は「忠義」の代行者であった。母は、最後の安寧を得る共同体そのものであった。家族は、たとえ遠い戦場で死のうと魂が還る場所である。戦に負ければ、家族が不幸になる。だから私は、戦争に征かなければならない。私が卑怯者になれば、家族も卑怯者になる（家族は国家に人質にとられている）。だから私は逃げられない。学徒兵はこう思った。ある者は、故郷と家族のために戦う。家族を守るために、天皇の御心に縋《すが》り、国家の命に服する。こうして戦闘で死ぬ間際、彼は「天皇陛下万歳」と叫んだ。ある者は、天皇や国家のためではない、ただただ家族のために戦う。殉国は大恩ある父母への恩返しである。「美しき我が愛する祖国の山河、俺を愛し温めてくれる人々、それらを守るべく俺は全力を奮はう[48]」。そして戦闘で死ぬ間際、彼は「お母さん」と叫んだ。「私〔特攻隊員〕はお母さんに祈ってつっこみます[49]」。「留守家族や友人から慰問袋を受け取る兵士とそうでない兵士との不公平感をなくすために、すぐに慰問袋の差し出し人が匿名化され、中身が標準化された[50]」。それほどに戦地にある兵士にとって、家族との通信の断絶は耐えがたい孤独であった。他方で、銃後には次のような逸話があった。「〔航空隊の中隊長の〕奥さんも夫を励ますため、やはり死を選ばれ「お先に行っておりますから心おきなく戦って下さい」と遺書を残し、三人の子供に晴着を着せて荒川の露と消えられたのである[51]」。この話に家族の絆の強さを思わされる。

4　個人の価値世界

個人の価値世界とは、国家と家族の価値世界から離脱して、個人の内的世界に入る場合をいう。それを〈自由の共同体〉と呼ぶ。学徒は、国家と家族の価値世界を離脱して、兵士になることを拒んだ。しかし兵士になってしまった。非国民の誹《そし》りを覚悟して徴兵を拒むには至らなかった。彼らは、国家と戦争の力に「カウンター・クライムをもって立上がる」のではなく、「力でずるずるずるずる引きずられて」兵士になった。[52] それでも彼らは、国家と家族からの離脱を図った。離脱には二つの方向があった。一つ、国家と家族から離脱して、ひたすらわが命の保存をめざす方向である。そこでは「死にたくない」が絶対価値になる。先の生命型の学徒兵がこれに該当する。兵士になってしまった。しかし軍隊や戦場で、死なないようにとことん身を処する。「(特攻出撃の指名者のHは)「俺はまだ死にたくない。頼むよ桑原代わってくれ！」と言った。私はギョッとして彼を見つめて絶句した」[53]。それが限界に達した時、軍隊や戦場から脱走する。その時学徒兵は、自分も家族も非国民の誹りを受けることを承知している。

二つ、自らを未来に向けて投企する方向で、国家や家族から離脱する場合である。先の反抗型の学徒兵がこれに該当する。生命型がこれに続く。投企(project)とは、すでに世界に投げ出されている人間が、「未来に向かって自らを投げる」(サルトル)こと、つまり、現状況を引き受け(自らを抵当に入れ)、未来の不確実な状況に自らを賭ける(投じる)ことをいう。学徒兵には、マルクス主義者や自由主義者がいた。彼らは意に反して兵士になった。そのことを次のように納得した。軍国日本を一日も早く終わらせ(滅亡させ)、その後に新たな自由独立の日本が到来することを信じる。自分は、新たな日本のための捨て石になる。「灰燼《かいじん》の中から新たな日本を創《つく》り出すのだ」[54]。このようにわが戦死を得心させる言葉が、学徒兵の手記に散見される。

5　表象の連鎖

学徒兵の精神構造は、このような価値・表象の編成からなる。それは、筆者による構成物である。とはいえそれは、確かに学徒兵を戦争と徴兵へ駆る誘因となった。ではそれらの価値・表象は、どのような相互関係にあったのか。学徒兵の精神構造の全体を見るには、相互関係の分析が必須となる。

一つ、人間類型がつねにそうであるように、人間は複数の類型を同時に体現し、また類型と類型を移動する。移動の軌跡も激しさも、一人ひとり異なる。学徒兵も同じである。彼らは、戦争と徴兵への態度の選択、価値・表象の選択に際して葛藤した。軍国主義に燃える学徒兵も、自由主義に燃える学徒兵も、その葛藤の結果である。

二つ、〈忠義の共同体〉は、国家を中核とする公的な価値世界である。〈恩愛の共同体〉は、家族を中核とする私的な価値世界である。そしてそれらは繋がっている。前者は具象化されて後者になる。それらを編成する表象も繋がっている。天皇は国家の庇護者である。祖国は国家の情緒的表象である。祖国は故郷を庇護する。故郷の中心に家族がある。こうして、天皇、国家、祖国、故郷、家族が、循環しあう表象の連鎖をなす。ここに、「わが家―日本の国、美しい山河―同胞〔日本民族〕という一種の価値複合体[55]」ができ上がる。「「最愛のＫＡ〔妻〕」「美しい山河」は、小さな価値の円であろうが、それは同時に「国家」「天皇陛下」という価値の円と同心円の関係にあったろうと思われる[56]」。戦場で倒れて死ぬ間際、ある兵は「天皇陛下万歳」と叫んだ。ある兵は「お母さん」と叫んだ。それらは、同一の精神の二つの表出であった。〈恩愛の共同体〉と〈忠義の共同体〉は、他方なくして成立しない。「忠孝一本」である。これが、大半の学徒兵の精神構造であった。一人ひとりの学徒兵は、天皇と家族を両極とする連続体のどこかにいた。ある者は天皇に近かった。ある者は家族に近かった。いずれにも建前も本音もなかった。「軍隊内務班におけるいわば踏石で、兵は上御一人からはじまり、皇族、社会、郷党、ようやく最後にわが家の安寧を祈ると応えなければならなかった。しかしこの飛行予備学生の手記を読むかぎり、この順序はほとんど破られ倒置されている[57]」。軍の方も、表象が連鎖して一つの価値世界をなすことを知っていた。軍は天皇から家族へ、学徒兵は家族から天皇へ表象の連鎖を辿った。

三つ、少数ながら、〈忠義の共同体〉〈恩愛の共同体〉から離脱する学徒兵がいた。ある者は〈わが生命の保存〉へ内向し、ある者は〈自由の共同体〉へ自己を投企した。前者は徹底した個人主義であり、後者は堅固な自由主義である。逃避と反抗。いずれも軍隊と戦場に馴染まない。彼らは徴兵を拒絶しなかった。しかし彼らは、兵士になって他人と共有できる〈共同体〉をもたず、孤独であった。ゆえに最後は、〈恩愛の共同体〉に心の安寧を求めた。そこには、学徒兵の孤独を永遠に包み込む家族がいる。「生きて帰れば父母の国、死んで帰れば仏の国、いずれに帰るも親の里[58]」。入隊前、学徒の〈自由の共同体〉への離脱に家族が共感し、理解を示すこともあった。その場合は、〈自由の共同体〉と〈恩愛の共同体〉は繋がった。非国民の学徒は、〈自由の共同体〉にいながら、その孤独は軽減された。

大貫恵美子は、特攻隊員の精神構造を分析して、「はたして彼らが天皇を中心としたイデオロギーを本当に信じ、また国家ナショナリズムのイデオロギーの中で付与された桜の意味を本当に信じていたのかどうか[59]」と問うた。そして、彼らは国家ナショナリズムを桜の美と「誤認[60]」したとした。これは、特攻隊員の観念論的・理想主義的な解釈である。学徒兵は、家族と学問に別れを告げて徴兵に応じた。その先には戦死（のリスク）があった。次に学徒兵は、別れの孤独と戦死の不安を時代のイデオロギーで合理化した。最後に、その死を美で粉飾した。どうせ死ぬのなら、せめて桜の花が散るように美しく燃え尽きよう。このように、事実は大貫の説明の逆であった。学徒兵は、私の価値を公の価値で補強した。美化はその仕上げであった。そこに誤認はなかった。

6　学徒兵の位置

以上、わだつみ世代を中心に学徒兵の精神構造について見た。ではそれは、学徒兵の下位集団との間で、他の日本兵との間で、欧米の兵士との間でどう異なるのか。戦地から送られた手紙の宛名に、学徒兵は母親が多く、少年兵は父親が多く、農民兵は妻が多かったという。兵士の遺書に「赤紙召集者—妻、少年兵・学徒兵・現役兵—母、という相関[61]」があるという。もしそうだとすれば、なぜそうなのか。その分析は、学徒兵の精神構造の理解を補強する。そのためには、精神構造を比較してその類似と差異を見る必要がある。

忠義・恩愛・自由の共同体からなる精神構造の骨格は、学徒兵一般と特攻隊員、〈前わだつみ世代〉と〈わだつみ世代〉、学徒兵と庶民兵の間で同一だったと思われる。「この本〔『きけ わだつみのこえ』〕の手記は、学生だけの特殊性という面もあるが、同時に、自己の内心を、ついに表現する機会もなく、方法も知らずに、型どおりのことばだけを残して死んでいった無数の将兵、とくに若い兵士たちの代弁にもなっているのである[62]」。しかしその上で、特攻隊員は、確実な死に臨み、忠義・恩愛・自由を往還する凝縮した時間を経験した。〈わだつみ世代〉は、思想の自由が圧殺された時代の狭い精神空間で思考を重ねた。「思想統制と紙不足に制約された出版事情によって彼らの読書の範囲が著しく狭められ、接しえた哲学的文学的教養も社会科学的な関心を喚起するものでなく、時流に押し流されるもの、あるいはむしろこれに便乗して、「聖戦」への献身に駆りたてるものであった[63]」。しかし、戦場・戦地・基地にあって、庶民兵よりも「しぜんな人間的感情の深い呻《うめ》きや渇《かわ》きを、文字に表現するだけの知的準備と、多少のゆとりとを、学生たちは持っていた[64]」。

最後に、欧米の兵士の精神構造を教える古典として、第一次世界大戦時の『ドイツ戦歿学生の手紙[65]』、第二次世界大戦時のアメリカ兵士の調査報告(Samuel A. Stouffer, *The American Soldier in World War II*, The Roper Center, 1945)等がある。欧米に兵士の精神構造を研究した文献は少なくない。一方、中村貞二は、『ドイツ戦歿学生の手紙』と同じ編者

による *Kriegsbriefe deutscher Studenten*, 1915(『ドイツ学徒兵の陣中書簡』)をテキストに、ドイツ学徒兵の精神構造を分析した[66]。日本の学徒兵とそれらを比較すると、そこに驚くほどの精神構造の同型性を見る。中尾訓生は、ある日本人学徒が整理したドイツ学徒兵の一三の価値類型を、日本の学徒兵の一〇の価値類型としてまとめた[67]。『きけ わだつみのこえ』には、当時すでに刊行されていた『ドイツ戦歿学生の手紙』を読んで共感する学徒の言葉が散見される。日本の学徒兵の精神構造の特徴は何か。答えは思うほど容易ではない。精神構造の比較は、すべて今後の課題である。

おわりに

冒頭で、学徒兵の精神構造研究の意義について述べた。学徒兵の精神構造は、私たちに重要な教えを諭している。「日本の知識人たちが、日本独特の「皇道」神話における粗雑きわまる信条に鼓舞された盲目的な軍国主義ナショナリズムの奔流を、結局は進んで受けいれるにいたり、あるいは少なくとも押しとどめるのにどれほど無力であった、という事態はなぜ生じたか[68]」。この問いが、知識人の戦後の出発点であった。そこには、自由の確立と主体の形成に関わる日本近代の人間の問題がある。「当時の日本の青年学生たちの人間的エネルギー、社会や民族に対する責任感、倫理、忍耐などが、非人間的な方向に向けられて、どんなに内面的にまで組織されていたか、それを自分の力で見破り、批判していく力がどんなに徹底的にうばい去られていたか[69]」。これは私たちへの言葉でもある。

これを本章の脈絡で言えば、次のようになる。学徒兵の究極の価値は家族であった。〈忠義の共同体〉から〈自由の共同体〉へ離脱した学徒兵も、最後は〈恩愛の共同体〉に縋った。それを起点に価値が編成され、最後に国家イデオロギーが装着された。関西の某部隊で「便所でかがんだ目の前の位置に、「逃亡したら郷里の人々に何と申し訳する」と書いた紙がはって[70]」あったという。「郷里の人々」とはまず家族である。家族は魂が還る場所である。死んで靖国に祀られても、家族が会いに来なければ意味がない。「靖国で待つてゐます。きつと来て下さるでせうね」[71]。学徒兵は、死別の孤独の癒しを家族に求めた。

戦前、多くの人びとがマルクス主義者になり、弾圧の中で転向をよぎなくされた[72]。一九三三年に獄中で出された佐野学と鍋山貞親の「共同被告同志に告ぐる書」[73]の影響は、共産主義者の転向に決定的であった。そこで彼らは、共産主義を堅守するとしつつ、大東亜戦争と天皇制を容認した。その論は説得的で、共産主義者の転向の雪崩現象を生じた。とくに「大東亜戦争は欧米帝国主義の植民地からアジアを解放し、民族融和の共栄圏をつくる戦争だ」とする言葉は、多くの左翼知識人の最後の良心を簒奪した。

それは、共産主義者の学徒も同じであった。彼らの抵抗運動は総崩れとなった。官憲はこの「告ぐる書」を活用した[74]。学徒は、まずイデオロギーで崩れた。次に動員したのが家族であった。多くの学徒は家族の涙で崩れた。しかし、家族に別れを宣していた学徒は、容易に「落ち」なかった。学徒兵も同じであった。逃亡すれば、家族・親族の恥となる。そして村八分にあう。村とはセケンである。イエはセケンに逆らえない。セケンは国家に逆らえない。学徒兵は手紙の中で、戦死がわがイエの名誉であることを強調した。日本兵が捕虜になるより自決を選んだのは、「生キテ虜囚ノ辱メヲ受ケズ」(軍人勅諭)を守るためではなく、捕虜になれば家族もまた辱めを受けるという恐怖心からであった[75]。イエやセケンに配慮する言葉は、学徒兵の手記より庶民兵の手記に頻出する。とはいえ学徒兵にも多い。「終りに親戚並びに近隣各位に山々宜しく御伝言被下度《くだされたく》候」[76]。「父上様、私はからうじて家門を汚しはしなかったと確信しています。寧《むし》ろ衰へかけた中西家の誉《ほまれ》を、一部分とりかへし得たと思ひます」[77]。イエを守る決定打は「名誉の戦死」であった。こんな話がある。一九四三年に朝鮮人学徒の徴集が始まり、四三八五人が徴集された[78]。そのうち四〇〇人以上が戦場で中国軍へ逃亡し、その半数以上が成功したという。彼らの多くは、日本の戦争を不正義と考える反抗型の学徒であったと思われる。しかも彼らは、日本のイエやセケンから自由であった。日本軍からの逃亡は、非国民であるどころか、朝鮮のイエやセケンには名誉なことだったのかもしれない。

個人・イエ・セケン・国家、そして庇護・懐柔・動員。私たちの時代にその外形は変わった。自由を束縛する仕組も変わった。イデオロギーも変わった。しかし、私たちも同型の呪縛の中にある。その呪縛から離脱して〈われ〉として生きる。そうしてこそ、私たちの平和が確かなものになる。学徒兵の強さと弱さ、生と死に学ぶとは、そういうことであろう。私たちも危ない時代に生きている。

学徒兵の　時計が　コチコチと
今も　嘆きの時を　刻んでいる
あなたに　その音が　聞こえますか

(1)　次の中の記述より。毎日新聞社編『別冊一億人の昭和史――日本の戦史・別巻四　特別攻撃隊』一九七九年、二三九頁。
(2)　傍点は引用者。安田武「戦没学徒兵の慟哭――二十一年目の風潮に思う」『展望』九七号、一九六七年一月、一一一頁。
(3)　国民が軍務につくには、徴集(徴兵検査に合格した者を現役または補充兵役に編入すること)、召集(徴兵検査に合格したが入営しなかった者を軍務につかせること)、志願があった。本章ではこれらを一括して「徴兵」と呼ぶ。
(4)　三井為友「「戦歿学生の手記」に寄せて」東京大学学生自治会戦歿学生手記編集委員会編『はるかなる山河に――東大戦歿学生の手記』東大協同組合出版部、一九四八年、二三三頁。
(5)　野上元『戦争体験の社会学――「兵士」という文体』弘文堂、二〇〇六年、二四〇頁。
(6)　渡邊勉「誰が兵士になったのか(二)――学歴・職業における兵役の不平等」『関西学院大学社会学部紀要』一一九号、二〇一四年、二二頁。

(7) 渡邊勉「誰が兵士になったのか(一)——兵役におけるコーホート間の不平等」『関西学院大学社会学部紀要』一一九号、二〇一四年、八頁。
(8) 天野郁夫より。高田里恵子『学歴・階級・軍隊——高学歴兵士たちの憂鬱な日常』中公新書、二〇〇八年、一七頁。
(9) 安川寿之輔『日本の近代化と戦争責任——わだつみ学徒兵と大学の戦争責任を問う』明石書店、一九九七年、八三、一八六頁。
(10) 森岡清美『決死の世代と遺書——太平洋戦争末期の若者の生と死』(補訂版)吉川弘文館、一九九三年、四頁。
(11) 西山伸「一九四三年夏の大量動員——「学徒出陣」の先駆として」『京都大学大学文書館研究紀要』一六号、二〇一八年、一頁。
(12) 蜷川壽惠『学徒出陣——戦争と青春』吉川弘文館、一九九八年、六六頁。
(13) 前掲注(9)安川 一九九七年、一八六頁。
(14) 松尾洋『治安維持法——弾圧と抵抗の歴史』新日本出版社、一九七一年、一一頁。
(15) アジア歴史資料センターホームページより(二〇二一年三月二七日閲覧)。https://www.jacar.go.jp/glossary/tochikiko-henten/qa/qa16.html
(16) 井上義和『日本主義と東京大学——昭和期学生思想運動の系譜』柏書房、二〇〇八年、三七頁。
(17) 前掲注(16)井上 二〇〇八年、三六—三七頁。
(18) ルビは原文。加藤周一より。前掲注(8)高田 二〇〇八年、一〇六頁。
(19) 江島尚俊「国内諸大学における「戦時下の大学」研究の現状と課題」『大正大学綜合仏教研究所年報』三七号、二〇一五年。
(20) 社説「帝国の対米英宣戦」『東京朝日新聞』一九四一年一二月九日。
(21) 日本戦没学生記念会編『新版 第二集 きけ わだつみのこえ——日本戦没学生の手記』岩波文庫、二〇〇三年、二八六—二八七頁。
(22) 山木茂『広島県社会運動史』労働旬報社、一九七〇年、八一八—八一九頁。
(23) 菊池邦作『徴兵忌避の研究』立風書房、一九七七年。
(24) 前掲注(21)日本戦没学生記念会編 二〇〇三年、一八三頁。
(25) 桑原敬一『語られざる特攻基地・串良《くしら》——生還した「特攻」隊員の告白』文春文庫、二〇〇六年、一四五頁。
(26) 日本戦没学生記念会編『新版 きけ わだつみのこえ——日本戦没学生の手記』岩波文庫、一九九五年、一九—二〇頁。
(27) 小野広「偶像化した「わだつみの像」」『世界』二八五号、一九六九年八月、二二四頁。
(28) 前掲注(26)日本戦没学生記念会編 一九九五年、三九一頁。
(29) 吉田満『戦中派の死生観』文藝春秋、一九八〇年、四四頁。
(30) 戸邊秀明「転向論の戦時と戦後」倉沢愛子ほか編『岩波講座 アジア・太平洋戦争3 動員・抵抗・翼賛』岩波書店、二〇〇六年、三二七頁。

(31) 前掲注(26)日本戦没学生記念会編 一九九五年、四七七頁。
(32) 渡部彬子「日本軍兵士たちの軍隊観――一九三七年以降の大動員期から戦後へ」『早稲田大学大学院教育学研究科紀要』(別冊)一九巻二号、二〇一一年。
(33) 青木秀男「殉国と投企――特攻隊員の必死の構造」『理論と動態』(社会理論・動態研究所)一号、二〇〇八年、七六―七七頁。
(34) ルビは原文。渡辺一夫「感想――旧版序文」前掲注(26)日本戦没学生記念会編 一九九五年、一〇―一一頁。
(35) 前掲注(10)森岡 一九九三年、二〇五頁。
(36) 辺見じゅん編『昭和の遺書――南の戦場から』文春文庫、二〇〇二年、二四八頁。
(37) わだつみ会編『学徒出陣』岩波書店、一九九三年、二四頁。
(38) 前掲注(10)森岡 一九九三年、二〇五頁。
(39) 前掲注(26)日本戦没学生記念会編 一九九五年、一九八―一九九頁。
(40) 星野芳郎「思考切断の悲劇」『朝日ジャーナル』八巻一号、一九六六年、四三頁。
(41) 森岡清美『若き特攻隊員と太平洋戦争――その手記と群像』吉川弘文館、二〇一一年、二八八頁。
(42) 前掲注(4)東京大学学生自治会戦歿学生手記編集委員会編 一九四八年、二二五頁。
(43) 林克也「回想に生きる林尹夫」林尹夫『わがいのち月明に燃ゆ――一戦没学徒の手記』筑摩書房、一九六七年、二二九頁。
(44) 青木秀男「戦地に潰えた「東亜共同体」――日本兵の感情構造」日本戦没学生記念会編『わだつみのこえ』一三五号、二〇一一年、一三頁。
(45) 真継不二夫編『海軍特別攻撃隊の遺書――二〇六〇余名の特攻隊員の人間記録』KKベストセラーズ、一九九四年、一二四頁。
(46) 前掲注(26)日本戦没学生記念会編 一九九五年、九〇頁。
(47) 北川衛編『あゝ特別攻撃隊――死を賭した青春の遺書』徳間書店、一九六七年、三頁。
(48) 前掲注(42)東京大学学生自治会戦歿学生手記編集委員会編 一九四七年、九八頁。
(49) 前掲注(26)日本戦没学生記念会編 一九九五年、三四七頁。
(50) 前掲注(5)野上 二〇〇六年、一一五頁。
(51) 生田惇『陸軍航空特別攻撃隊史』ビジネス社、一九七七年、一六〇頁。
(52) 鶴見俊輔「戦争と日本人」『朝日ジャーナル』一〇巻三四号、一九六八年、八、九頁。
(53) 前掲注(25)桑原 二〇〇六年、八八頁。
(54) ルビは原文。前掲注(26)日本戦没学生記念会編 一九九五年、四二四頁。
(55) 前掲注(41)森岡 二〇一一年、二八六頁。

(56) 草柳大蔵『特攻の思想――大西瀧治郎伝』文藝春秋、一九七二年、一二六頁。
(57) 白鷗遺族会編『雲ながるる果てに――戦没飛行予備学生の手記』日本図書センター、一九九二年、三四六頁。
(58) 小田切秀雄・窪木安久編『日本戦没学生の遺書』読売新聞社、一九七〇年、五七頁。
(59) 傍点は原文。大貫恵美子『ねじ曲げられた桜――美意識と軍国主義』岩波書店、二〇〇三年、四頁。
(60) 前掲注(59)大貫 二〇〇三年、三頁。
(61) 藤井忠俊『兵たちの戦争――手紙・日記・体験記を読み解く』朝日新聞社、二〇〇〇年、八六頁。
(62) 小田切秀雄「この本の新しい読者のために」前掲注(26)日本戦没学生記念会編 一九九五年、四七九―四八〇頁。
(63) 岩井忠熊より。前掲注(10)森岡 一九九三年、二七二頁。
(64) ルビは原文。前掲注(26)日本戦没学生記念会編 一九九五年、四七九頁。
(65) フィリップ・ヴィットコップ編／高橋健二訳『ドイツ戦歿学生の手紙』岩波新書、一九三八年(Philipp Witkop ed., *Kriegsbriefe gefallener Studenten*, 1918『戦歿学生の書翰』からの抜粋訳)
(66) 中村貞二「マックス・ヴェーバー夫妻の「二つの掟」問題――ドイツ思想史の一齣」『成城大学経済研究』一六七号、二〇〇五年。
(67) 中尾訓生「『きけわだつみのこえ』を解釈する」『山口経済学雑誌』四七巻二号、一九九九年、一七八―一七九頁。
(68) 松本三之介「主体的人格の確立をめぐって――丸山眞男の思想についての一考察」『駿河台法学』一〇巻二号、一九九七年、二〇五頁。
(69) 前掲注(62)小田切 一九九五年、四八二頁。
(70) 飯塚浩二より。前掲注(10)森岡 一九九三年、一五一頁。
(71) 靖国神社編『いざさらば我はみくにの山桜』(シリーズ・ふるさと靖国三)展転社、一九九四年、三〇頁。
(72) 青木秀男「転向と非転向の間――権力と主体と思想」広島部落解放研究所編『部落解放研究』二六号、二〇一九年。
(73) 佐野学・鍋山貞親「共同被告同志に告ぐる書」佐野学著作集刊行会編『佐野学著作集』第一巻、一九五八年(初出『改造』一九三三年七月)。
(74) 前掲注(22)山木 一九七〇年、八一〇頁。
(75) 前掲注(8)高田 二〇〇八年、二〇頁。
(76) ルビは原文。前掲注(58)小田切・窪木編 一九七〇年、二四頁。
(77) ルビは原文。前掲注(45)真継編 一九九四年、四二頁。
(78) 前掲注(59)大貫 二〇〇三年、二五六頁。

第２章 戦争と暴力
――戦時性暴力と軍事化されたジェンダー秩序

佐藤文香

はじめに――戦争と暴力

戦争は人類の歴史のなかに常に存在してきたが、けっして超歴史的に論じられるべき現象ではない。わたしたちが今日「戦争」という言葉で理解しているのは近代戦争であり、その性質をはじめて定義したのはカール・フォン・クラウゼヴィッツだった。彼は、戦争とは敵対者を自分たちの意志に従わせるよう強制する暴力行為であるとし、これを「異なる手段をもってする政治の継続」と位置づけた(1)。

彼が『戦争論』を著したのは一九世紀の初頭、近代市民革命を経て誕生した国民国家が「国民軍」をもって戦争をはじめた頃だった。戦争が国民によって遂行されることで原理的に「万人のもの」となったのが近代である。マックス・ヴェーバーが述べたように、国家は正当な物理的暴力の行使を独占する(2)。この点において国家は他のあらゆる社会組織とも区別され、他のいかなる主体による暴力の発動も、国家による暴力と牽制を免れなくなったのである。

以上のような戦争、国家、暴力の定義は、しかし、ジェンダーの視点から見るとただちに疑問符がつくことになる。戦争が「万人のもの」であるという認識は、多くの国民国家において、選挙権を与えられた国民が「平等」に戦争へと動員されるという原則に由来している。だが、「普通選挙」が女性を排除して出発したのと同じように、国民軍への参加の「平等」はあくまで男性間の話であって、国民はジェンダー化されたのだった。また、国家には、家庭においても家長のふるう暴力をプライバシーの名の下に長きにわたって放免してきた歴史がある。この意味で、「国家による暴力の独占」はまことに不徹底なものだった。

いっぽう、「異なる手段をもってする政治の継続」という定義はどうだろうか。この定義は、戦争を国家という擬人化された主体による合理的決定の所産と位置づけるリアリズムの源流にある。暴力は権力にとって本質的な要素であり、戦争は国家が用いる政治の一手段にすぎないとするこの考え方はもちろん、男性中心的であると批判されよう。だが、戦争がそれ以前の政治過程からはなれて突然に勃発するわけではないとする見方は、意外なことに、平和を希求し、戦争とジェンダーの関係を注視してきたフェミニストたちの見解と響き合う部分をもっていた。

一　戦争とジェンダー――暴力連続体

フェミニストは、戦時に起こった出来事を、平時のそれと完全に違ったものと解釈することはできないし、そうすべきではない、と考えてきた。彼女たちは、平時の社会で女性が劣位に置かれているというジェンダー秩序が、戦時の女性に対する性暴力につながっていること、逆に、戦争における経験が平時の女性に対する男性の暴力を形づくるものであることを発見してきた。戦争の前・最中・後、さまざまな時点を超えて連続する暴力に注意を払ってきた女性たちはこれを「暴力連続体」と名付けた。[3]

今では、反軍事主義の立場をとるフェミニストの間でおなじみとなったこの概念は、一九七九年にフェミニズムと非暴力研究会に集まった女性たちの知見から生みだされ、一九八三年に提唱されたものである。[4]

「暴力連続体」の連続性にはさまざまな次元が含まれているが、フェミニスト平和研究者のシンシア・コウバーンに依拠して整理してみよう⑤。まず、彼女たちの最初の問題意識であった時間の連続性がある。戦争が勃発していない社会にも、和平交渉がはじまりつつある戦時にも、戦後復興中の無秩序な状況にも、暴力は切れ目なく存在している。これにともなって空間の連続性もある。暴力が生じる場所は、家庭、路上から、共同体、国、大陸、成層圏にまでおよぶ広がりをもつ。

だが、連続しているのは時間と空間だけではない。規模の連続性がある。暴力の単位には個人間暴力から国際的暴力までの広がりがあり、力の規模としても握り拳《こぶし》からステルス爆撃機までさまざまな幅がある。さらに、暴力の種類にも連続性が考えられる。たとえ、直接的であからさまな暴力が存在しなくとも、暴力は、経済的・社会的・政治的な強制力としてはたらくこともある。けっして身体的暴力の形をとるものだけが暴力なのではない。文化における暴力、行政や司法による暴力等、さまざまな種類の暴力が連続体をなしているのだ。もちろん、ここにはヨハン・ガルトゥングの「構造的暴力」を含むことができる。暴力は構造のなかに組みこまれ、不平等な力関係として、生活機会の不平等としてあらわれうる。ガルトゥングがこれを富や資源、サービスを分配する社会構造による暴力、すなわち「構造的暴力」と名付けたことで、日常に遍在する暴力への視野は格段に広がりをみせていくことになったのであった⑥。

このように、女性たちが暴力を連続体として捉えるようになったのは、男性を優位に置き、女性を従属させる家父長制的なジェンダー秩序こそが暴力の核心にあり、戦争を支えていると見たからである。彼女たちは、ジェンダーに注意を払うことが戦争を理解する上で不可欠だと考えた。「軍産複合体」がそうであるように、戦争ビジネスはその地位や役割をもっぱら男性たちが占めてきた。にもかかわらず、概してそれは自然とみなされ、あたかもジェンダーとは無関係であるかのように扱われてきた。

平和研究は第二次世界大戦の惨禍を受けて、戦争の原因を突きとめ平和を維持するためにはじまった学問である。だが、この学問においても、戦争と平和という重要課題に対し、女性の問題は二義的で付随的なものと見なされてきた[7]。平和研究で「構造的暴力」が論じられはじめたときですら、ジェンダーへの視角は欠如したままだったという[8]。

戦争のみならず、平和研究もまた男性の視点に基づいた男性の活動であることに不満をもった女性たちは、権力や安全といった概念を再考しはじめ、一九八〇年代には、戦争と家父長制の結びつきに焦点をあてるようになった[9]。ベティ・リアドンの『性差別主義と戦争システム』はその成果の一つである[10]。また、同時期には、ジーン・ベスキー・エルシュテインの『女性と戦争』やシンシア・エンローの『あなたもカーキ色になる？』、『バナナ・ビーチ・軍事基地』が刊行された[11]。多くの戦争が、勇敢な「正義の戦士」とか弱き「美しき魂」のジェンダー化された物語として説明されてきたことを解き明かしたエルシュテインの著作と、戦争における女性の役割と経験を可視化し、国際政治とジェンダーの深いつながりを探究したシンシア・エンローの著作に導かれるようにして、フェミニスト研究者たちは国際政治学・国際関係論に参入していくことになった。

一九九〇年代になると、アン・ティックナーの『国際関係論とジェンダー』をはじめ、フェミニスト国際関係論と呼ばれる研究分野が進展をみせはじめた[12]。さらに、近年ではその一分野であるフェミニスト安全保障研究が、平和研究と安全保障研究双方の境界を打ち壊すような展開を示すようになっている[13]。

以下ではこうした研究の蓄積をふまえながら、戦争を理解するにあたってジェンダーに注意を払うことがなぜ不可欠であるのかを論じよう。第二節では戦争の原因としての軍事化されたジェンダー秩序、第三節では戦争の結果としての戦時性暴力に焦点をあて、概観していく。

二　戦争を駆動するジェンダー秩序

1　軍事化される男らしさ／女らしさ

戦争の伝統的な学術研究は、その原因をめったにジェンダーと結びつけて考えてこなかった。国際関係論では、リアリズムがアナーキーな国際システムにおいて国家が勢力均衡を求める戦略を、リベラリズムは独裁政権や権威主義体制による暴力煽動といった国内要因を重視する。マルクス主義は搾取的な経済システムに目を向けるが、それは資本主義やグローバリゼーションの問題とされる。近年では、構成主義《コンストラクティヴィズム》が戦争をアイデンティティや差異の問題として考察するようになったが、それはもっぱらナショナル・アイデンティティの生産として分析されている[14]。

フェミニストの戦争研究が成しえた重要な貢献の一つは、戦争が男らしさと女らしさを軍事化することで推進されているという発見であった。ジェンダーは戦争の目的をつくりだし、暴力を可能にし、軍事主義を正当化する。若い男性に女子どもを保護せよと呼びかけて武器をとらせること、その際、外国に侵される女性身体として祖国をイメージさせること、「他者」の侮辱を通じてつくられる軍隊の男たちのホモソーシャルな戦士の絆、それと表裏一体の女性蔑視《ミソジニー》と同性愛嫌悪《ホモフォビア》からくるハラスメント。こうした事象の根幹には男らしさと女らしさの観念がある[15]。

2　家父長制

なかには戦争の原因となるジェンダー秩序を「家父長制」として明確に名指す者もいる。シンシア・コウバーンは、ジェンダー関係の権力不均衡が暴力に向かう男らしさの文化をつくりだし、戦争の駆動力になると考えたフェミニスト平和研究者の一人だ。彼女は、「われわれの社会を戦争へと駆りたてているもの」を「家父長制」と捉え、家父長制的なジェンダー関係を「戦争の原因の一つ」であると位置づける[16]。このことは、戦争が石油資源のためにたたかわれたり、国の独立のためにたたかわれるように、ジェンダー問題のためにたたかわれる、ということを意味するのではない[17]。そうではなく、家父長制的なジェンダー関係が暴力の導火線のように機能することで、戦争に適した状況をつくりあげるということだ[18]。

女性と男性が均質的な集団として存在し、共通の利益を有しているかのような印象を与える「家父長制」という用語は、フェミニストの間で次第にその使用を躊躇《ためら》われるようになっていった。今やこのシステムを名付けることを避けて性差別という態度のみを論じる者や、いささか古めかしい「家父長制」という語を避けて「ジェンダー秩序」のような別の名称を用いる者もいる[19]。だが、コウバーンは自らの調査の過程で、世界中の反戦運動に携わる女性たちが躊躇なく「家父長制」の語を用いて状況を説明することを発見した。彼女はこのことに勇気を得て、さまざまなポジショナリティと、その置かれた場所が多様な視座を生みだすことを含みこんだ上で、戦争を「家父長制」の問題として考察しつづけたのである[20]。

フェミニスト国際政治学のパイオニアであるシンシア・エンローも同様だった。彼女は、「家父長制」の中核にあるのは、ある特定の男らしさを、それ以外の男らしさとすべての女らしさに対して特権化することだという[21]。家父長制的な集団や制度、社会は、男らしさを特権化し、女性および「女らしい」とされるモノや人を周縁化し、そのような特権化と周縁化を正当化し強化する。エンローもまた、家父長制を軍事主義の原因と関連づけ、男らしさと女らしさがどのように軍隊を支え、軍事化を推進してきたのかを精力的に分析しつづけた[22]。

戦争を遂行する制度としての軍隊は、世界中において高度に男性的な組織である。そこでは、勇敢さ、タフさ、大胆さ、名誉、強さ、勇気を強調する戦士の男らしさを規範としつつ、その規範にしたがうことのできない者たちを、弱く女々しい者、男性の保護を要する者として女性化する。入隊した男性たちは軍隊で緊密な仲間意識を育み、しばしば、女性や同性愛者への強い蔑視と排除を示す。

だが、戦争のための文化的インフラは家父長制と男らしさだけでは機能しない。女性たちは男性たちに「男らしく」行動するよう促す上でさまざまな役割を負っている。多くの女性たちは母として少年を男に変える上で重要な役割を果たす。恋人や妻として、あるいは性的サービスを提供する売春婦として、異性愛の女性たちは男らしさを支える。軍事任務に経済的機会を見出しその仕事にプライドを感じる女性兵士は「男性資源《マンパワー》」の不足を補ってくれる。彼女たちのなかには軍事化された男らしさを模倣し、その正当性の強化に貢献する者もいるだろう。

さらに、二一世紀の今日においては、通常なら男性が占めるようなポジションに女性兵士が就くことで、軍隊と戦争の暴力的な性質から目を逸らさせる「ジェンダーのおとり」にもなる。(23) 彼女たちのセクシュアリティが新たな戦争の武器として用いられ、敵の男性を脱男性化し侮辱するために使われることだってある。あるいは、平和維持者の男性による地元女性への性的搾取が問題化される場合に、女性が信用回復のための「解毒剤」となって、任務の正当化に貢献することもある。

3　「保護ゆすり屋」としての男性＝国家

家父長制下のジェンダー関係において、男性が女性を「保護する者」であるとされることは、戦争の暴力を正当なものとすることに貢献してきた。つまり、ジェンダーは戦争を実現する上で中心的な要素であるだけでなく、戦争とその正当性を理解する核としてある。

フェミニストはこの「保護する／される」という非対称な関係が、ジェンダーの不平等を支え、女性の従属につながっていることに注目してきた。一九八二年という早い時期に、この非対称性を「保護ゆすり屋」という概念で説明したのが、フェミニスト政治学者のジュディス・スティームである。「保護ゆすり屋」とは、漠然とした敵からの保護を、対価をもって提供する者を指す。悪質な敵からの保護を僭称する「保護ゆすり屋」は、実際には、対象者を搾取し、管理や安全とひきかえに操作したり害を与えたり、かえって暴力をまねいたりすることで、自身がその最大の脅威となりうるような存在である[24]。

歴史社会学者のチャールズ・ティリーは、この「保護ゆすり屋」概念を用いて、国家と国民の関係をあらわした。国家は国民の保護を約束し、人々は実際に保護の必要性を経験することで、国家による安全保障という「保護」をやむにやまれぬものと理解するようになっていく。けれども政府は、国外の脅威を見積もるばかりか時にでっちあげさえするのだし、その抑圧的で収奪的な行為はしばしば国民にとって最大の脅威となる。こうしてティリーは、国家とは本質的に「保護ゆすり屋」と同じように機能している、と論じたのだった[25]。

フェミニストは、この「保護ゆすり屋」がジェンダー化されていることを見逃さなかった。スティームは言う。女性たちにとって、保護すると称する者も男性だが、脅威だとされるのも男性だ。そして、「正当な暴力」の行使に関する規則をつくるのも男性であり、保護の対象である女性から支援、名誉、報酬をとりたてるのも男性である、と[26]。実際に保護の必要性がないとき、彼らは自らの役割に満足をおぼえている。だが、保護が必要となり、その役割をうまく果たせなくなると、保護される者を、足手まとい、重荷、最終的には恥と感じる。なぜなら、保護されない被保護者は、保護する者の失敗を明白に示す証拠となるからだ。こうして、保護する者は、保護に失敗せぬよう、保護される者たちの行動をあれこれと制約しようとすることになる[27]。

フェミニストの視点から見れば、国家と国民の「保護ゆすり屋」関係は、男性と女性のそれである。フェミニスト国際政治学者のV・スパイク・ピーターソンは、結婚の提供する保護が、国家の安全保障と相似形をなし、絡み合いながらヒエラルキーと構造的暴力を再生産してきた仕組みを、次のように論じている[28]。

女性に対する体系的な男性の暴力や、労働市場における女性の脆弱性は、社会の脅威からの保護として結婚を強いる。選択肢が限られているから、女性は保護の形としての結婚を選択する。国家が国民に対してそうするのと同様に、結婚は、そのシステムに参加しない者には入手できないいくらかの安全として、経済的支援やプライバシーの保護を与える。

国家安全保障によって保護される国民同様、結婚によって男性に保護される女性は、合理的に保護を選択したことで、依存を再生産するという非合理的な行為をしている。しかし、保護がある程度機能していれば、自らの安全を失うリスクをおかすようなインセンティブははたらかない。むしろ、保護される者は保護する者に同一化するので、この保護システムの変容へと向かうことは難しい。実際に脆弱な状態に置かれている人ほど、脅威の現実を無視することはできないため、保護のシステムから抜け出ることはさらに困難だ。こうして、結果的に、保護される者たちの依存状態は首尾よく再生産され、保護のシステムは安泰なまま続いてゆくのである。

以上のように、保護をめぐって非対称につくりだされている家父長制的なジェンダー秩序は、個人的なことから国際的なことにまで貫かれている。そしてこのジェンダー秩序こそが戦争の原因として重要な位置を占めていることを、フェミニストたちは明らかにしてきたのだ。

三　戦争によって引き起こされる暴力

1　不可視化される女性への暴力

進化心理学者のスティーブン・ピンカーはその論争的な『暴力の人類史』において、人類は倫理を進歩させた結果、戦争と暴力は減少し、今や史上最低になったと主張した。国際政治学者のジョシュア・ゴールドステインもまた、第二次世界大戦終了以来、そして冷戦終結後に再び、戦争による死は急激に減少し、人類は「戦争との闘い」に勝利したのだと論じている。彼らは、人口あたりの暴力による死者数を用いて、近代の国家システムによってもたらされた暴力による死は、部族社会のせいぜい四分の一でしかないと強調する[29]。だが、フェミニスト国際関係論のジャッキー・トゥルーが指摘するように、公式の戦争の外部で生じ、死にいたらなくとも重大な傷害に帰結するような数多くの暴力による被害がある。もしも、戦争を武力紛争に限定し、その被害として国家に記録された暴力死のみを用いるならば、国内や国家間で起こっている大量の暴力を見逃してしまうことになるだろう[30]。

戦争によって引き起こされる被害を考察する際には、そのジェンダー化された性質に注意を払うことが不可欠である。戦争に伴う経済活動や社会的インフラの破壊、性暴力や犯罪の発生、占領に伴う売買春等を度外視するならば、戦争において女性たちが被る影響を著しく過小評価することになってしまう[31]。

女性が兵士として戦場で死ぬ数は男性より少ないが、女性は子供と共に民間人の犠牲の大きな部分を占めている[32]。二〇世紀より前の戦争では、その半分近くにおいて、兵士と同数またはそれ以上の民間人が殺されていたが、二〇世紀にはそれにも増して、戦闘員ではなく民間人が標的とされるようになった[33]。そして、第二次世界大戦以降には、死者数に占める民間人の割合がますます高くなっている[34]。戦争における男女の死者数についての研究によると、戦争による負傷で亡くなった女性市民の数は男性市民の数と同じだ[35]。そして、市民のなかでも女性がきわだって多く被害者となるのが戦時性暴力である。

2　戦争兵器としての性暴力

女性を「保護する」と称する戦争において、実際にどれほど大きな被害が女性たちにもたらされてきたのかを、戦時性暴力ほど克明に照らし出すものはないだろう。

戦時性暴力は、歴史のなかで常に、勝利への功績と復讐という意味をもたされてきた。女性の身体は戦争の勝者にとっての「戦利品」であり、その身体を支配することが、征服された人々に敗北を伝えるメッセージとなる。また、女性の身体は、敵対心を刺激するプロパガンダとしても機能し、戦争を倫理的に正当化する口実にもなってきた。

歴史上常に存在してきた戦時性暴力が、はじめて詳細に記録され人々の広く知るところとなったのは第一次世界大戦である。だがこれは、被害者を慮《おもんぱか》ってのことというよりは、政治的語りを仕立てあげるための記録であった。[36] 第二次世界大戦においても、戦時性暴力は戦争の副産物として、黙認される傾向にあった。

戦時性暴力は一九四九年のジュネーブ条約で禁じられたが、その位置づけは女性の「名誉に対する侵害」という家父長制的なものであり、超大国の政治に巻きこまれて長らく法的に非力であった。[37]

不可視化されてきた戦時性暴力が戦争犯罪であり、女性に対する人権の問題とされるようになったのは一九九〇年代に入ってからのことである。ルワンダの凄惨な内戦を経て、一九九四年に設置されたルワンダ国際戦犯法廷でジェノサイドとしてのレイプに初の有罪判決が下された。同様に、一九九三年に設置された旧ユーゴスラヴィア国際戦犯法廷でも、戦争犯罪および人道に対する罪として、レイプに有罪判決が下されている。さらに、国際刑事裁判所に関するローマ規程がレイプを戦争犯罪であり人道に対する罪と位置づけ、二〇〇二年に常設の裁判所が開設されるにいたる。[38] 結果、レイプ、性奴隷制、強制売春、強制妊娠、強制不妊といった性暴力が、人道に対する罪、戦争犯罪、深刻なジュネーブ条約違反とされることになり、被害の告発が可能になったのである。[39]

戦時性暴力がこのように問題化されるにあたっては、戦争の副産物としての性暴力から、特定の目的のために用いられる戦術の一環、戦争兵器としての性暴力へと認識の転換が起こった。二〇〇〇年に国連で採択された「女性・平和・安全保障」の安全保障理事会決議一三二五号以降、戦時性暴力を戦争兵器と捉えるこのパラダイムによって、戦時性暴力は悲劇的ではあるものの戦争の不可避の産物なのだ、とする見方は塗りかえられてきた。

しかし、このパラダイム・シフトに対しては、当初想定されていたほどのラディカルな移行ではなかった、という批判もなされている[40]。たとえば、ドリス・E・バスは、人道に対する罪としてのレイプもジェノサイドとしてのレイプも、レイプを「集団に対する罪」として提示することを要すると言う。ルワンダ国際戦犯法廷では、すべてのレイプと性暴力をフツからツチへのものに還元し、その共通パターンと共同体の破壊が強調されることとなった。その過程で、筋書きの一貫性を損なうような、レイプ被害者としての男性とフツ女性は消去された。このパターン化された物語が、再び、戦時性暴力は不可避であるという問題含みの想定を蘇らせてしまうことをバスは警告し、被害者の脆弱性の程度や利用可能な資源、勇気ある行為や機転にも光をあてることの重要性を訴える[41]。

サラ・メガーはさらに、戦時性暴力が「安全保障化[42]」され、そのことが「フェティッシュ化[43]」をも引き起こしていると論じた。この過程で、戦時性暴力は暴力連続体から脱文脈化され、日常とは別個の現象として均質化される。メディア、運動、政策、学術言説において、戦時性暴力はおぞましき事態として対象化され、国際安全保障のアジェンダと実践に影響を与える。そして、意図せざる効果として、安全保障のアクター、加害者、被害者に、戦時性暴力を自らの目的のために利用することへのインセンティブが生みだされる[44]。

このように、彼らは、戦時性暴力を平時の市民による性暴力や同じ共同体に属する者の間でのレイプよりも「悪いもの」とするようなヒエラルキーを強化しかねないこのパラダイムでは、戦争の根絶と、性暴力への根源的な取り組みはできない、と考えるのである。

3　「保護する責任」

戦争兵器としての性暴力というパラダイムの不徹底さは、これが、男性化された軍事主義的反応を呼び起こし、結果的に安保理の優位と権限の強化につながってしまうことにもあらわれている。サラ・アルシは、戦争兵器としての性暴力というパラダイムに基づく「女性・平和・安全保障」の国連安保理決議が、世界中の和平プロセスへの介入を正当化するものであることを批判する。安保理は性暴力を行った国々に制裁を科す権限をもつことになり、女性の安全は、国際秩序の再生産に奉仕することになるのである。[45]

先述した紛争における民間人の犠牲に対する懸念の高まりに呼応して、危機にある人々の安全のために軍事力を使用するという考えは急速に広まってきた。ある国家が別の国家の情勢に介入することは近代の国家主権の原則に反している。国連憲章にもその他の多くの国際条約にも記されているこの国家主権の理念を移行させるにあたって、重要な要素となったのが「保護する責任」（R2P）という考えだった。[46]

カナダ政府が中心となって設立された「介入と国家主権に関する国際委員会」（ICISS）は、二〇〇一年の報告『保護する責任』において、国家主権とは権利というより責任であるとした。責任とは、国家が市民の安全と生活を守り福祉を促進することを意味する。[47]市民に対する危害が感知されるのに、当該国家がその危害を終結できなかったり、終結する気がなかったりする場合、あるいは国家自身が加害者である場合に、保護を目的とした介入が支持される。[48]ICISS報告は、人間の安全保障概念に依拠しつつ、国家が他国の市民を「保護する責任」を持つとして介入を正当化したわけである。[49]

ICISS報告は、国家安全保障の欺瞞と「保護ゆすり屋」たる国家のネガティブな面を正確にあらわすものであった。と同時に、ここで示される国際社会の「保護する責任」を、批判的フェミニストは当然にも警戒した。「保護する責任」が導き出すのは、国際社会が救うべき、脆弱で劣った、女性化された「他者」としての国家と、そのような国家を保護する責任を負った英雄的な白人男性としての国際社会、というジェンダー化され人種化された帝国の支配的物語の再来であるからである。[50]

戦時性暴力は、こうして再び「保護する責任」という軍事的暴力を発効させる。その際、「女性と少女は男性兵士や軍事化された国家、あるいは国連安保理の男性代表者に守られる受動的な被害者」に配役される。[51]戦時性暴力は安全保障化され、すでにある軍事化されたジェンダー秩序をよりいっそう強固にかためてゆくことに寄与するのである。そして、今や「保護する責任」を行使する者として、野蛮な性暴力に対し正当な暴力を合理的に行使するのは、「白い男たち」だけでない。「白い女たち」もまたグローバルな「保護者」の位置を占めるのである。

四　新しい酒を古い革袋に？――ジェンダーのおとりたち

二〇〇〇年に国連で採択された「女性・平和・安全保障」の安保理決議一三二五号は「戦争の犠牲者としての女性」に焦点をあて戦時性暴力の安全保障化を進める一方で、「平和の創造者としての女性」への視点をもつものだった。[52]この決議はその後出された九本の関連決議とあわせて「WPSアジェンダ」と呼ばれ、国際規範を形成していった。だが、国家・軍事・男性中心の安全保障への批判としてのラディカルさをもっていたはずの同アジェンダにもすでに多くの批判が提起されている。[53]

本山央子によれば、WPSアジェンダは、ジェンダーを女性の問題と見なし、また安全保障を武力紛争の問題と見なす狭い観点から、紛争地域の女性たちに限定的な関心を注いできた。保護の対象としての性暴力被害者と、積極的なエージェンシーの担い手としての平和創造者、という分裂した女性表象に依拠したWPSアジェンダは、今やフェミニズムの知をグローバルな統治の武器へと変質させつつある、と本山は言う。[54]

すなわち、フェミニストが見出してきた暴力連続体に基づき、今や女性に対する暴力や抑圧を安全保障上の脅威とリスクを見積もるための指標として利用するようになっているのである。[55]アメリカの国家安全保障政策のなかに女性に対する暴力のグローバルな監視を位置づけた「ヒラリー・ドクトリン」はその好例である。[56]こうして、フェミニズムの知は国家安全保障のなかに取りこまれ、女性の人権とジェンダー平等の名の下に正当な暴力を発動させ、脅威を

監視する装置となって、国際安全保障体制における不平等な関係を再強化する。(57)

ジーラー・アイゼンスティンは、女性の権利が帝国主義的目的のために操作され動員されるとして、「ジェンダーのおとり」の利用を警告してきた。(58)「ジェンダーのおとり」とは、通常なら男性が占めるようなポジションに女性が就くことで、人々の目を幻惑させることである。「対テロ戦争」における女性の可視性の異常な高まりこそ、この「ジェンダーのおとり」としてあり、「茶色い女たち」を救いに行く「白い女たち」は「最良の民主主義」を象徴し、西洋の「進歩的な価値観」を体現する存在として、国際政治に包摂されたのであった。(59)

ニコラ・プラットはポストコロニアル・フェミニズムの立場から、安保理決議一三二五号と「対テロ戦争」の言説と実践を考察し、一見正反対に見える両者が、類似したジェンダー、人種、セクシュアリティの編成の配置を通じて結びつきうることを論じている。(60)本山も言うように、「野蛮なテロリスト」の殲滅を掲げ、国際法を逸脱した対テロ戦争という暴力的な実践と、国際的なジェンダー平等規範を掲げるWPSアジェンダはもちろん異なっているのだが、その根底にはたらく認識的暴力に共通性があると見る彼女たち批判的安全保障研究者の警句は重い。(61)たとえ、一三二五号が紛争地帯の女性活動家の戦略的ツールとして役立ってきたことが事実であるとしても、そのような言説では、「対テロ戦争」を可能にするようなジェンダー化、人種化、セックス化されたヒエラルキーの正当性と正常化に挑むことはできないのである。(62)

おわりに——誰にとって何が「暴力」なのか

コンゴ民主共和国での性暴力を分析したマリア・E・バーズとマリア・スターンは、戦時性暴力を犯す者たちを、文明化された「われわれ」の外部にいる倫理を欠いた人非人として他者化するその様式を批判した。(63)さらに、彼女たちが歩を進めて批判のメスを向けるのは、戦時性暴力がセックスなどではないとされること、つまり「性的なこと」の消去である。なぜか？　戦時の性暴力と平時のセックスを異なるものとして産出することを可能にするのは、この消去であるからだ。戦時における、異常で、暴力的で、命じられたり認可されたりする政治的行為たる性暴力と、平時における、普通の、平和な、非暴力の、文明化されたセックスとは、「性的なこと」の消去を通じて区別される。戦時レイプを「性的でない」とすることは、平時のレイプを「政治的でない」とすることになる。まるで、政治的なことと性的なことは常にすでに異なっているかのように、両者の間に分断線がひかれるのだ。[64]

本章の冒頭に述べたように、フェミニストは「暴力連続体」概念を提起し、戦時と平時のつながりを捉えようとしてきた。彼女たちは、平時を明白に戦時と区分することと共に、セックスを明白に暴力と区別することにも、抗ってきたはずだ。

「性暴力連続体」を提起したリズ・ケリーはその一人である。彼女は、男性が女性を支配・統制するためにさまざまな形の力を用いており、その経験を明確にカテゴリーで区分することはできない、としてこの概念を提起した。合意の上でのセックスとレイプの間に、圧力、脅し、強制、力ずくの連続を見る「性暴力連続体」は、一般的な男性の通常の行動と「極端なもの」との関連を示すために編み出された。[65]

さらに、ケリーは、戦時のレイプを平時のレイプともつなげ、軍事化されていようがいまいが、性暴力の連続性に注意を払う必要があると主張する。なぜか？「本物のレイプ」という考えこそが、免責の再生産に手を貸している当のものだからである。もっとも劇的な例にのみ焦点をあてることは、この免責を、意図せずとも強化する陥穽に陥ることになる。[66]

バーズとスターンも同様に、性暴力が遠く離れたどこかで起こる、説明不可能な形の暴力だとするような認識の転換を求めている。性暴力を、通常の行為の外側にあるもの、通常のセックスとは異なる実践とすることで、国家は、セックスと暴力の境界を管理する仲裁人としてふるまってきた。同じことが二一世紀の「国際社会」で起こっている。戦時性暴力の公式言説と国際法が、暴力とセックスの明確な区別をつくりつつあることを、警戒しなければならない、と。(67) 誰にとって何が「暴力」であるのか、その恣意的な線引きに抗うことは、免責の構造を断ち切るためには不可欠だ。

戦争の根幹には暴力がある。社会が「保護」の神話に基づくジェンダー秩序をつくりあげることで戦争は遂行され、幾多の戦時性暴力が生みだされてきた。そして今、戦時性暴力は「保護する責任」の名の下に軍事介入を正当化し、軍事化されたジェンダー秩序を再編しつつも補強する。ジェンダーは原因として、そして、結果として、常にこの循環構造の根幹に位置してきた。だからこそ、戦争と暴力を考えるためには、そして、戦争と暴力に抗うためには、日常から戦場までのつながりのなかで、ジェンダーの視角から考えることが不可欠なのだ。なぜなら戦争とは、異なる手段をもってする日常の政治の延長線上にあるからである。(68)

（１）Carl von Clausewitz, *Vom Kriege*, 1832-34（篠田英雄訳『戦争論　上』岩波文庫、一九六八年、二九、五八頁）。

（２）Max Weber, *Politik als Beruf*, 1919（脇圭平訳『職業としての政治』岩波文庫、一九八〇年、九頁）。

（３）Cynthia Cockburn, ***Anti-militarism: Political and Gender Dynamics of Peace Movements***, Palgrave Macmillan, 2012a, p. 254.

（４）Feminism and Nonviolence Study Group, *Piecing it Together: Feminism and Nonviolence*, 1983. https://wri-irg.org/en/story/2010/piecing-it-together-feminism-and-nonviolence. 前掲注（３）Cockburn 2012a, p. 255. Cynthia Cockburn, "A Continuum of Violence: Gender, War and Peace", Ruth Jamieson ed., *The Criminology of War*, Ashgate, 2014, p. 372.

（５）Cynthia Cockburn, "The Continuum of Violence: A Gender Perspective on War and Peace", Wenona Giles and Jennifer Hyndman eds., *Sites of Violence: Gender and Conflict Zones*, University of California Press, 2004, pp. 24-44. Cynthia Cockburn, *From Where We Stand: War, Women's Activism and Feminist Analysis*, Zed Books, 2007. 前掲注（３）Cockburn 2012a. 前掲注（４）Cockburn 2014.

（６）Johan Galtung, "Violence, Peace and Peace Research", *Journal of Peace Research*, Vol. 3（1969）, pp. 167-191（塩屋保訳「暴力、平

和、平和研究」ヨハン・ガルトゥング/高柳先男・塩屋保・酒井由美子訳『構造的暴力と平和』中央大学出版部、一九九一年、一一頁)。

(7) Betty A. Reardon, *Sexism and the War System*, Teachers College Press, 1985(山下史訳『性差別主義と戦争システム』勁草書房、一九八八年、一三頁)。

(8) Catia C. Confortini, "Galtung, Violence and Gender: The Case for Peace Studies/Feminism Alliance", *Peace and Change*, Vol. 31-3 (2006), pp. 333-367. Annick T. R. Wibben, "Introduction: Feminists Study War", Annick T. R. Wibben ed., *Researching War: Feminist Methods, Ethics and Politics*, Routledge, 2016, p. 1.

(9) 前掲注(8)Wibben 2016, pp. 1-2.

(10) 前掲注(7)Reardon 1985=1988.

(11) Jean Bethke Elshtain, *Women and War*, Basic Books, 1987(小林史子・廣川紀子訳『女性と戦争』法政大学出版局、一九九四年)。Cynthia Enloe, *Does Khaki Become You?: The Militarisation of Women's Lives*, Pluto Press, 1983. Cynthia Enloe, *Bananas Beaches and Bases: Making Feminist Sense of International Politics*, University of California Press, 1989→2014(望戸愛果訳『バナナ・ビーチ・軍事基地——国際政治をジェンダーで読み解く』人文書院、二〇二〇年)。

(12) J. Ann Tickner, *Gender in International Relations: Feminist Perspectives on Achieving Global Security*, Columbia University Press, 1992(進藤久美子・進藤榮一訳『国際関係論とジェンダー——安全保障のフェミニズムの見方』岩波書店、二〇〇五年)。

(13) 前掲注(8)Wibben 2016, p. 2.

(14) Mary Hawkesworth, "War as a Mode of Production and Reproduction: Feminist Analytics", Karen Alexander and Mary Hawkesworth eds., *War and Terror: Feminist Perspectives*, University of Chicago Press, 2008, p. 1.

(15) 佐藤文香「軍事化とジェンダー」『ジェンダー史学』一〇号、二〇一四年。

(16) Cynthia Cockburn, "Gender Relations as Causal in Militarization and War: A Feminist Standpoint", Annica Kronsell and Erika Svedberg eds., *Making Gender, Making War: Violence, Military and Peacekeeping Practices*, Routledge, 2012b, p. 19.

(17) 前掲注(16)Cockburn 2012b, p. 29.

(18) 前掲注(5)Cockburn 2004, p. 44. 前掲注(4)Cockburn 2014, p. 29.

(19) 前掲注(16)Cockburn 2012b, pp. 24-25.

(20) 前掲注(5)Cockburn 2007.

(21) Cynthia Enloe, *The Big Push: Exposing and Challenging the Persistence of Patriarchy*, Myriad Editions, 2017(佐藤文香監訳/田中恵訳『〈家父長制〉は無敵じゃない——日常からさぐるフェミニストの国際政治』岩波書店、二〇二〇年、二六頁)。

(22)　ここからの議論は以下も参照。佐藤文香「テーマ別研究動向 男性研究の新動向」『社会学評論』二四二号、二〇一〇年。佐藤文香「ジェンダーの視点から見る戦争・軍隊の社会学」福間良明・野上元・蘭信三・石原俊編『戦争社会学の構想――制度・体験・メディア』勉誠出版、二〇一三年。前掲注(15)佐藤 二〇一四年。

(23)　Zillah Eisenstein, "Sexual Humiliation, Gender Confusion and the Horrors at Abu Ghraib", *ZNET: A Community of People Committed to Social Change*, 2004. https://zcomm.org/znetarticle/sexual-humiliation-gender-confusion-and-the-horrors-at-abu-ghraib-by-zillah-eisenstein

(24)　Judith Hicks Stiehm, "The Protected, The Protector, The Defender", *Women's Studies International Forum*, Vol. 5-3/4 (1982), p. 373.

(25)　Charles Tilly, "War Making and State Making as Organized Crime", Peter Evans, Dietrich Rueschemeyer, and Theda Skocpol eds., *Bringing the State Back In*, Cambridge University Press, 1985, p. 171.

(26)　前掲注(24)Stiehm 1982, p. 374.

(27)　前掲注(24)Stiehm 1982, pp. 373-374.

(28)　V. Spike Peterson, "Security and Sovereign States: What Is at Stake in Taking Feminism Seriously?", V. Spike Peterson ed., *Gendered States: Feminist (Re) Visions of International Relations Theory*, Lynne Rienner Publishers, 1992, pp. 31-64. ティリーやピーターソンを引きながら、日本の憲法改正論議を読み解いたものとして、岡野八代「フェミニズム理論と安全保障――二四条「改正」論議を中心に」『ジェンダー法研究』四号、二〇一七年。

(29)　Steven Pinker, *The Better Angels of Our Nature: The Decline of Violence in History and its Causes*, Allen Lane, 2011 (幾島幸子・塩原通緒訳『暴力の人類史 上』青土社、二〇一五年、一〇八―一一六頁)。Joshua Goldstein, *Winning the War on War*, Dutton Adult, 2011, pp. 23-28.

(30)　Jacqui True, "Winning the Battle but Losing the War on Violence: A Feminist Perspective on the Declining Global Violence Thesis", *International Feminist Journal of Politics*, Vol. 17-4 (2015), pp. 554-572.

(31)　H. Patricia Hynes, "On the Battlefield of Women's Bodies: An Overview of the Harm of War to Women", *Women's Studies International Forum*, Vol. 27 (2004), pp. 431-455.

(32)　Nicole Detraz, *International Security and Gender*, Polity Press, 2012, p. 36.

(33)　前掲注(31)Hynes 2004, p. 436.

(34)　一九八九年のＵＮＩＣＥＦの報告によれば、戦争の犠牲者に占める民間人の割合は、第一次世界大戦時に五%、第二次世界大戦で五〇%、ベトナム戦争で八〇%以上、さらに九〇%を超えている。UNICEF (United Nations Children's Fund), *Children in Situations of Armed Conflict*, 1986. http://www.cf-hst.net/unicef-temp/Doc-Repository/doc/doc406082.PDF

(35)　前掲注(31)Hynes 2004, p. 436.

(36)　Sabine Hirschauer, *The Securitization of Rape: Women, War and Sexual Violence*, Palgrave Macmillan, 2014, pp. 72–74. ニュルンベルク裁判の記録には性暴力が多く含まれていたが、それらは家族の名誉や戦争捕虜の取り扱いの問題であった。また、東京裁判では、「慰安婦」問題は取りあげられず、日本軍による性暴力の扱いにも、女性に対する人権侵害であるという問題意識が希薄であった。

(37)　前掲注(36)Hirschauer 2014, p. 84.

(38)　前掲注(36)Hirschauer 2014, p. 84.

(39)　申惠丰「国際法とジェンダー——国際法におけるフェミニズム・アプローチの問題提起とその射程」『世界法年報』二二号、二〇〇三年、一四三頁。

(40)　ここからの議論は以下も参照。佐藤文香「戦争と性暴力——語りの正統性をめぐって」上野千鶴子・蘭信三・平井和子編『戦争と性暴力の比較史へ向けて』岩波書店、二〇一八年。

(41)　Doris E. Buss, "Rethinking 'Rape as a Weapon of War'", *Feminist Legal Studies*, Vol. 17(2009), pp. 145–163.

(42)　「安全保障化」は国際関係論のコペンハーゲン学派の用語で、安全保障を客観的な実在と捉えるかわりに、言語行為によってそれが「実存的脅威」として構築される政治的プロセスと見る。Sara Meger, "The Fetishization of Sexual Violence in International Security", *International Studies Quarterly*, Vol. 60-1(2016), pp. 149–159.　前掲注(40)佐藤 二〇一八年。

(43)　メガーの「フェティッシュ化」はカール・マルクスに着想を得たもので、あるモノに交換価値が付与される際に労働からの脱文脈化と価値の均質化が起こり、商品の取引をめぐって物象化が生じ、人々の関係性にも影響を与えるというプロセスを指している。前掲注(42)Meger 2016.

(44)　前掲注(42)Meger 2016.

(45)　Sahla Aroussi, "Women, Peace and Security: Addressing Accountability for Wartime Sexual Violence", *International Feminist Journal of Politics*, Vol. 13-4(2011), pp. 576–593.

(46)　前掲注(32)Detraz 2012, p. 143.

(47)　ICISS (International Commission on Intervention and State Sovereignty), *The Responsibility to Protect: Report of the International Commission on Intervention and State Sovereignty*, 2001, p. 13. https://www.idrc.ca/en/book/responsibility-protect-report-international-commission-intervention-and-state-sovereignty

(48)　前掲注(47)ICISS 2001, p. 16.

(49) 前掲注(32)Detraz 2012, p. 144.
(50) Claire Duncanson, "Forces for God? Narratives of Military Masculinity in Peacekeeping Operations", *International Feminist Journal of Politics*, Vol. 11-1 (2009), p. 68. 前掲注(32)Detraz 2012, p. 144.
(51) Jacqui True, "Feminist Problem with International Norms: Gender Mainstreaming in Global Governance", J. Ann Tickner and Laura Sjoberg, *Feminism and International Relations: Conversations about the Past, Present and Future*, Routledge, 2011, p. 84.
(52) 一八二〇号(二〇〇八年)、一八八八号・一八八九号(二〇〇九年)、一九六〇号(二〇一〇年)、二一〇六号・二一二二号(二〇一三年)、二二四二号(二〇一五年)、二四六七号(二〇一九年)、二四九三号(二〇二〇年)である。
(53) 本山央子「武力紛争下の〈女性〉とは誰か――女性・平和・安全保障アジェンダにおける主体の生産と主権権力」『ジェンダー研究』二二号、二〇一九年、二九頁。
(54) 前掲注(53)本山 二〇一九年。
(55) Corinne L. Manson, "Global Violence Against Women as a National Security 'Emergency'", *Feminist Formations*, Vol. 25-2 (2013), pp. 55-80.
(56) Valerie M. Hudson, Bonnie Ballif-Spanvill, Mary Caprioli and Chad F. Emmett, *Sex and World Peace*, Columbia University Press, 2012, p. 202.
(57) 前掲注(53)本山 二〇一九年。
(58) 前掲注(23)Eisenstein 2004.
(59) Nicola Pratt, "Reconceptualizing Gender, Reinscribing Racial-Sexual Boundaries in International Security: The Case of UN Security Council Resolution 1325 on 'Women, Peace and Security'", *International Studies Quarterly*, Vol. 57-4 (2013), pp. 772-783. Laura J. Shepherd, "Veiled References: Constructions of Gender in the Bush Administration Discourse on the Attacks on Afghanistan post-9/11", *International Feminist Journal of Politics*, Vol. 8-1 (2006), pp. 19-41 (本山央子訳/佐藤文香監訳「ヴェールに隠された参照項――九・一一後アフガニスタン攻撃に関するブッシュ政権の言説におけるジェンダー構築」海妻径子・佐藤文香・兼子歩・平山亮共編『男性学基本論文集』勁草書房、近刊)。
(60) 前掲注(59)Pratt 2013.
(61) 前掲注(53)本山 二〇一九年、四一頁。
(62) 前掲注(59)Pratt 2013. なお、筆者はフェミニズムの知が既存の権力体制の強化に流用されることを警戒する批判的フェミニズムに共感を覚えつつ、「取りこみ」批判のその先にいかなる世界を構想しうるのかが問われていると感じている。フェミニストがＷＰＳアジェンダと共に切り拓こうとした空間は確かに矛盾に満ちたものであるが、この空間をよりマシなものにすることが断念されるなら、事態は「取りこみ」より酷いものとなるだろう。

(63) Maria Eriksson Baaz and Maria Stern, *Sexual Violence as a Weapon of War?: Perceptions, Prescriptions, Problems in the Congo and Beyond*, Zed Books, 2013.

(64) Maria Eriksson Baaz and Maria Stern, "Curious Erasures: The Sexual in Wartime Sexual Violence", *International Feminist Journal of Politics*, Vol. 20-3(2018), pp. 295-314.

(65) Liz Kelly, "The Continuum of Sexual Violence", Mary Maynard and Jalna Hanmer eds., *Women, Violence and Social Control*, British Sociological Association, 1987(喜多加実代訳「性暴力の連続体」ジャルナ・ハマー、メアリー・メイナード編／堤かなめ監訳『ジェンダーと暴力――イギリスにおける社会学的研究』明石書店、二〇〇一年)。

(66) Liz Kelly, "The Everyday/Everynightness of Rape: Is it Different in War?", Laura Sjoberg and Sandra Via eds., *Gender, War, and Militarism: Feminist Perspectives*, Praeger Security International, 2010, pp. 114-123.

(67) 前掲注(64)Baaz and Stern 2018.

(68) 本稿脱稿後、森田成也「戦時の性暴力、平時の性暴力――「女性に対する暴力」の二〇世紀」『マルクス主義、フェミニズム、セックスワーク論――搾取と暴力に抗うために』慶應義塾大学出版会、二〇二一年を知ることになった。クラウゼヴィッツを引きつつ、戦時と平時の連続性に着目した森田の論考は、初出が一九九九年と非常に早い先駆的なものである。

第3章　戦争と国家
——総力戦が生んだ強力でリベラルな国民国家

佐藤成基

はじめに　強力でリベラルな国民国家——総力戦の意図せざる逆説的な帰結

二〇世紀の二つの世界大戦は人類に甚大な被害をもたらした。戦場での兵士、地上戦での一般市民の死者・負傷者に加え、戦争中に発生した大量虐殺、戦中・戦後の強制的住民移動での死者を加えれば、その数は一千万人を超えている。さらに、戦場となった地域では生活基盤が大きく破壊され、資産の喪失や大量の失業がもたらされた。

しかしながら、二つの世界大戦はただ死や破壊をもたらしただけではなかった。第二次産業革命後の産業化の進展を背景に戦われたこの二つの総力戦によって、国民全体の社会保障や雇用の安定を目指す福祉国家が形成されたこと、これまで十分な地位を認められていなかった住民にも対等な政治的権利が認められるようになったこと、そしてそのような国民の「市民的諸権利《シティズンシップ》」を確保できるだけの「強い」統治能力をもった国家を生み出したということについてもまた、すでに知られている。つまり、総力戦は第二次世界大戦後の先進諸国で標準型となる強力でかつリベラルな国民国家を発生させる重要な（おそらくは不可欠な）歴史的要因となったのである。社会学者C・ティリーは、一五世紀から一九世紀初頭までの西欧の歴史を対象にしながら「戦争が国家をつくった」と主張した。[1] このティリーのテーゼを二〇世紀の日本を含めた先進諸国の事例に応用するならば、「総力戦が強力でリベラルな国民国家をつくった」と言い換えることができるだろう。本章では、総力戦のこの意図せざる逆説的な帰結がいかにして生まれたのかについて、ティリー以来の歴史社会学の分析視点を用いて解明していきたい。

一　総力戦と国民国家の形成——歴史社会学的国家論の視点

ティリー、M・マン、A・ウィマーらによる歴史社会学的国家論においては、戦争による集権化と統治能力の強化により、国家と社会の関係性が拡張され、緊密化していく過程に分析の焦点が当てられている。例えばティリーは、戦争を通じて集権化された国家が強制的に徴兵や徴税を行い、領域内の住民に対する直接統治を実現していったこと、その直接統治が住民の国家に対する抵抗として革命や改革運動を惹起したこと、そしてそのような抵抗に対して国家が住民に市民的諸権利《シティズンシップ》を付与するという方法で対応していったことを明らかにした。またマンは、一九世紀以後、産業資本主義の発達を背景に様々な階層の人々が社会的ネットワークや組織を形成していく一方で、国家が治安維持、徴兵、鉄道建設、学校教育、公衆衛生などの社会的「インフラストラクチャー」の構築を通じて社会生活への浸透を深め、住民を「国民」として囲い込んでいく過程を詳細に分析した。さらにウィマーは最近の研究で、二〇世紀の世界各地における国民国家形成の成功と失敗が、一般市民による政治的忠誠や支持と、国家が提供する公共財との間の安定的な交換関係が成立するかどうかにかかっていると論じている(2)。本章ではこうした国家／社会関係の枠組みを前提に、総力戦が国家／社会関係にどのような変化をもたらしたのかを、国家の統治者と統治される一般市民(この区分は流動的なものではあるが)の間の交換関係の形成のされ方に注目しながら考察していく。

第一次、第二次両世界大戦において、国家は戦争遂行のために必要な人的・物的な諸資源を動員・管理するための組織力を構築し、それまで以上に国内の社会生活に深く浸透していくことになった。そこで国家は女性や人種・エスニシティ上のマイノリティを含めた国内の住民全体の戦争への「協力」を必要としたが、それは国家が彼らに依存することをも意味した。こうして、国家の統治に関わる指導者・管理者の側と、統治される一般市民との間の交換関係が、それまで以上に広範囲に形成され、またその関係はより緊密なものになった。

その交換関係は大きく分けて次の二つからなっている。第一は戦争への支持・協力と権利の承認との間の交換関係である。総力戦下において国家の統治者はまず、一般市民からの戦争への支持と協力を必要とする。それがなければ戦争の遂行が不可能だからである。それに対し兵役、労働、納税などを通じて戦争への参加を要求される一般市民は、それによって政治的な意識を高め、それまで認められていなかった権利を求めるようになっていく。また、彼らの交渉能力も高まる。それに対して統治者の側も一定の譲歩を行い、戦争への貢献の「対価」として権利の一部を認め、保障するようになっていく。第二は戦争の負担・犠牲とそれを補償・援助する社会政策(社会給付・サービスの提供)との間の交換関係である。戦争が長期化すると、多大な負担と犠牲が一般市民に強いられることになる。その負担と犠牲は彼らに生活上の困難をもたらすが、その困難から生まれる社会的ニーズに対処するため、国家の統治者は社会経済的な援助や補償などを行い、社会政策の範囲や規模を拡大させていくのである。それは市民の不満が抵抗運動に発展することを回避するための統治上の配慮でもあった。

このように統治者と一般市民との間に相互依存的な交換関係が形成されることで、国民の市民的諸権利《シティズンシップ》がT・H・マーシャルのいう「社会的権利」を含めて確保されうる「リベラル」な体制が形成されることになる。それはまた、旅券と査証を用いた国家による移動・メンバーシップの管理体制の成立と不可分の関係にある。国内における市民的諸権利が拡張されることにより、「国民」として国家に帰属することがより実質的な意味を持つようになり、国民であるか外国人であるかがもたらす実生活上の差異もいっそう明確なものになるからである。こうして第二次世界大戦終結の後に、強力でかつリベラルな国民国家が形成されていくのである。
本章では以上のような過程を、主に英米独仏日の事例を中心にしながら検証していく。

二　統治能力の強化

1　政府支出の拡大

総力戦時における国家の統治能力の強化を示す一つの指標が政府支出の拡大である。特に軍事支出は国家の財政支出を極端に増大させた。例えば第一次大戦中では名目価格で英独が一三―一四倍、フランスで八倍に上昇した。第二次大戦時のアメリカが一二倍、日本に至っては四〇倍を超える上昇になっている。[3] その財源は増税と公債・借入金によって賄われた。戦争が終われば軍事支出はもちろん平時の水準に減少する。しかしながら、政府支出全体の額は戦前の水準まで縮小することはない。戦時に拡大した政府支出の一部が戦後民政費に転移され、政府支出全体は戦前よりも増加するのである。財政学者のA・ピーコックとJ・ワイズマンはこれを「置換効果」と呼んだ。[4] 置換効果は両世界大戦の際に欧米の参戦国で広くみられる。各国の中央政府支出の対国民総生産比をみると、第一次大戦開戦以前の欧州諸国で一九一〇年代に五―一〇％程度であったものが一九二〇年代は一〇―二〇％程度、第二次大戦後の一九五〇年代には二割から三割近くへと上昇している。またアメリカも一九一〇年代に二％程度であったものが、一九五〇年代には一五％を超えるまでになっている。[5] この増加分の多くは非軍事的分野、特に社会給付にあてられた。

それに対し、日中戦争・太平洋戦争期における日本では置換効果がほとんどみられない。政府支出の対国民総生産比は一九三〇年代に一一％程度であり、戦後主権回復後の一九五一年に一三％とほぼ同一の水準である。[6] その考えられうる理由については後述するが、だからといってこれが、総力戦が日本の国家の統治能力に何ら重要な変化をもたらさなかったということを意味するわけではない。

2　徴税制度の「近代化」

戦争で膨大に膨らんだ費用を賄うため、参戦諸国は単に増税を行っただけでなく、徴税制度の構造そのものにも変更を加えた。第一次大戦後のドイツのように、財政危機を克服するために抜本的な税制改革が行われた例もある。その結果国家の税収は総じて増大した。中央政府税収が国内総生産に占める割合をみると、第一次大戦前の一九一三年から戦後の二五年にかけてイギリスが六・六%から一五・〇%、フランスが一〇%から一五・八%、ドイツが二・九%から九・八%へと増加している。また、一九三七年から五二年にかけて、イギリスが一四・九%から二八・九%、フランスが一五・二%から一八・八%、ドイツでは一七・六%から二一・五%(西ドイツ)に上昇している。政府支出の置換効果があまりみられなかった日本でも税収規模は拡大し、日中戦争開始前の一九三二年に国民総生産の約五%であったのが一九五二年には約一一%にまで増えている。[7]

戦争がもたらした徴税制度の構造上の変化としては、第一に所得税や法人税など直接税が租税の中心になったことがある。所得税自体は一九世紀にすでにイギリス、プロイセン、日本などで導入され、アメリカでも第一次大戦開戦前に開始されていた。しかし大戦前の税収の中心は関税、消費税、物品税などの間接税であり、所得税が占める割合は大きくなかった。しかし、二つの世界大戦を通じて所得税率が大幅に引き上げられただけでなく、課税対象者が低所得者層にも広げられた。[8] 例えばイギリスでは、第一次大戦中に標準税率が六・二五%から三〇%に、第二次大戦中は二九%から五〇%へと引き上げられた。[9] また、第一次大戦前には労働人口の五—六%の高額所得者が課税対象であったのに対し、大戦後にはそのほぼ全員が所得税を納税するようになった。[10] 第一次大戦中のアメリカでは短期間に最高税率が一三%から七七%へと跳ね上がり、課税対象者も約三六万人から五五三万人へと増加している。[11] 課税対象者は第二次大戦でさらに拡大し、所得税納税者の労働総人口に占める割合は戦前の三・五%から一九四四年の約三分の二へと大きく増加した。ドイツでは第一次大戦終戦直後の改革により所得税が中央政府の主要な収入源になり、税収全体の四割を超えるまでになった⑫。第一次大戦中に初めて所得税の徴収が実施されるようになったフランスでは、所得税が税収全体に占める割合が戦時中に〇・八%から一〇・六%にまで増加している。その後所得税収入は増加し続けるものの、第二次大戦後でもその割合は税収全体の二割程度にとどまっていて、英米と比較したフランスの租税構造の特徴がここにみられる⑬。日本では日中戦争開戦前後から個人・法人の所得に対する課税が強化され、消費課税に代わって税収の中心を占めるようになり、税収全体に占める割合は太平洋戦争中に六割から七割にまで上昇した⑭。

政治学者S・スタインモによれば、所得税は低い行政コストで多額の収入が得られるというメリットがある⑮。効率的な税収の増加を目指すという点からみれば、所得税の導入は合理的な選択であったと言えるだろう。また、源泉徴収が所得税の徴収をより実効的なものにした。ドイツではすでに第一次大戦後の税制改革で部分的に導入され、日本では一九四〇年に、イギリスでは一九四二年に、アメリカでは一九四三年にそれぞれ源泉徴収が開始されている⑯。

第二の構造上の変化は税の累進性の上昇である⑰。イギリスでは、第一次大戦中に所得税の標準税率三〇%に対して最高税率が五〇%、第二次大戦中には標準税率五〇%に対し最高税率が九七%にまで及んだ。アメリカでも第二次大戦中に所得税率の範囲が二四%から九三%となった。ドイツでは第一次大戦後の改革で六〇%までの所得税の累進性が導入された。日本の所得税率も、一九三〇年の〇・六—二六・二%の範囲から、一九四四年には八—七四%へと拡大した⑱。また、G・アリーによれば、ナチス時代のドイツでは戦争負担を裕福な者に目に見える形で担わせるという方法をとっており、戦時税の総額の約七七%を高額所得者や企業が負担したとされる⑲。ただしそのような累進性もドイツ民族内のことであり、占領地では重い軍税や分担金を課し、ユダヤ人からは強制的に財産を没収してそれを国庫に加えていた。

スタインモによれば一九世紀までの徴税は規模も小さく、徴税権限が分散していて一貫性を欠き、また貧者に重く権力者は免除されるという傾向が残っていた。それに対し第二次大戦後の徴税制度は一貫したルールの下、組織的にかつ「公正」に税負担が配分される方向に発展した[20]。そのような徴税制度の「近代化」に寄与したのが二つの世界大戦であった。

3　市場経済の管理政策

国家は総力戦を通じて市場経済に介入し、経済活動を調整・管理する新たな能力を構築するようになった。一九世紀中頃から第一次大戦開戦までは「自由放任」型の経済政策が支配的であり、関税による国内産業の保護を除けば、政府が市場経済に積極的に介入することはほとんどなかった。一九世紀末以後、労働者の生活状況改善という見地から国家の介入を主張する社会改良的思想はすでに各国で広がっていたが、実際に政策として実現されていたわけではなかった。しかし第一次大戦が始まると諸国家は(中立国を含め)産業・流通の管理統制(原料の安定的供給、生産性の向上、生産物の効果的配分など)、賃金や価格の統制、労使紛争の調停、生活物資の配給など、その成果はどうあれ、国内経済への積極的な介入を行った。戦争遂行という共同の目標から市場経済に介入し、管理するこうした政策は「戦争社会主義」などと呼ばれたが、ソヴィエト連邦で同時期に開始された中央政府による上からの計画化とは異なり、政府・産業界・労働界の間の調整・協調関係を通じて資本主義経済をより効果的に管理しようという「混合型」の経済政策であった[21]。戦後に戦前の経済自由主義がいったん復権はするが、戦時下に試みられた経済管理モデルはその後も継承され、各国の大恐慌後の経済再建のための政策に影響を与えた。アメリカのニューディール政策においては、第一次大戦中に設けられた戦争産業委員会が初期ニューディールの中核となる全国産業委員会のモデルになり、また戦時下の経済政策に関わった人材はニューディール期にも活躍した[22]。

第二次大戦でもまた、軍事目的を効果的に実現する方法として採用された産業、流通、金融のコントロール、賃金や物価の規制、産業・労働・政府間の関係性、経済統計の収集・算出といった様々な経済管理の手法は、戦後に景気の安定、産業の振興、完全雇用、所得の再配分、国民の福祉などの非軍事的な目的のために転用され、先進諸国の経済復興を支えるケインズ主義的な経済政策の基礎となった(23)。さらに戦勝国である英米は、自由市場経済を促進するため国際的な介入を行った。両国が主導して一九四四年に締結されたブレトン・ウッズ協定に基づいて国際通貨基金や世界銀行が創設され、一九四七年には「関税及び貿易に関する一般協定」が署名された。これによって為替相場の安定を確保し、「自由」な資本移動や貿易を国家間で管理する枠組みが形成されたのである。日独仏を含む西側諸国が戦後経済復興をとげることができたのも、このような「埋め込まれた自由主義」体制の下においてであった(24)。

4　行政機関の拡大

国家の統治能力を示すもう一つの数量的指標は、政府職員の人数であろう。統治機能の拡大に伴う新たな行政機関(保健省、労働省など)の設置や業務の拡大はそれを担当する職員の数を増大させる。地方も含めた一般政府職員の総人口に対する割合をみると、第一次大戦前後ではフランスで〇・七八％(一九〇六年)から一・二〇％(一九二一年)に、ドイツで〇・六七％(一九〇七年)から一・三九％(一九二五年)に、イギリスでは〇・九七％(一九一一年)から一・六七％(一九二一年)にそれぞれ上昇している。さらに、第二次大戦前後ではフランスで一・〇三％(一九三六年)から二・四一％(一九四七年)に、イギリスでは二・〇〇％(一九三八年)から二・七六％(一九五〇年)に増えている。ドイツではナチス政権下の一九三八年に二・二二％に増え、戦後一九五二年の西ドイツで二・〇四％とほぼ同じ水準を維持している。アメリカの連邦政府行政職員の数は一九一一年の約三九万人から、一九二一年に五五万人、一九五二年に二五七万人と増えており、総人口に対する割合は〇・四％から一・六％となっている。日本においては、日中戦争前の一九三〇年に軍人を除く公務員の有業人口比が三・七三％であるのに対し、第二次大戦後の一九五〇年には八・〇五％にまで高まっている[25]。このように戦争を通じて国家の行政機関の規模は拡大し、文字通り「大きな政府」が生まれたわけである。

三　権利の拡張

1　労働者

第一節で提示した統治者と一般市民との間の交換関係の図式に即して言うならば、権利の拡張は戦争への支持・協力への「対価」として可能になったものである。そのような権利の拡張は各国の労働者の状況において顕著にみられる。「工業化された戦争」であった両大戦は軍需産業に多くの労働者を動員したが、それが労働者の地位の向上や権利の拡張につながったのである。

企業経営者と労働者との間の対立は一九世紀末にすでに激しくなっていたが、国家は労働者の団結権を認めず、しばしば労働運動を暴力的に弾圧した。労働者を支持基盤とする政党も台頭し、議会に進出して社会改革を訴えてはいたが、いまだその力は限定的なものだった。イギリスでは下層労働者層は投票すらできなかった。だが、第一次大戦がこのような状況を大きく変えた。国家は労働力を確保する必要からしばしば経営者の「自由」を制限し、労働者を保護する形で労使関係に介入した。労働組合にはストライキの停止が求められ、労働者の職場移動が制限されたが、その一方で国家は労働者の団結権を認め、効果的な生産に向けて労働組合の意見を公式・非公式に求めるようになった。そのため経営者も労働組合を交渉主体として受け入れざるをえなくなった。また、労働時間が制限され、労使間の紛争解決のための中立的な調停機関が導入され、労使双方が対等な形で賃金を決める賃金協定が導入されるなど、国家の介入により労働者の労働条件の改善がみられた。

例えば、ドイツでは一九一六年の祖国勤労奉仕法によって六〇歳以下のすべての成年男性の労働義務が定められたが、同時に労働者・職員の代表からなる評議会や、労使同権の調停委員会が設置された。それがヴァイマル共和国時代の労使関係の基礎となっていく㉖。一九一五年イギリスの戦時軍需品法は、ストライキを禁止する一方で、労働争議を政府の介入で強制的に調停することを定めたことで労働者の団体交渉が可能となった。また、労働党の政治家が戦時下に初めて内閣に加わり、労働省や年金省などの大臣を務めた㉗。男子普通選挙も第一次大戦末期の一九一八年に実現されている。同様にアメリカでも、第一次大戦中にストライキ中止の見返りとして労働組合の団体交渉権が認められたほか、連邦政府が設けた全国戦時労働委員会において、労働者が経営側と対等な立場で政策決定に参画することになった。第二次大戦中にもまた同名の委員会が設けられ、争議の調停、賃金の安定化がはかられた㉘。

労働組合の組合員数も飛躍的に増加した。イギリスでは第一次大戦中に四一〇万人(一九一四年)から八三〇万人(一九一八年)へと倍増し、アメリカでは一九一六年から一九年にかけて二七七万人から四一二万人に増えた㉙。

ナチス政権下でのドイツ、日中戦争開戦以後の日本では労使一体的な経営共同体である労働戦線、産業報国会がそれぞれ設けられた。労働組合は解散を迫られ、労働者の団体交渉は認められず、抗議運動も厳しく統制された。しかしながらその一方で、日本では新設の厚生省が中心となり、商店法や工業就業時間制限令、賃金統制令などが制定され、職業紹介が国営化されるなど労働者保護の政策が試みられていた㉚。さらに一九四一年には労働者年金制度が創設され、四四年には職員・女性を含んだ厚生年金制度へと拡充されている㉛。また、ドイツにおいては余暇旅行や冬季援助活動など、労働者のための「物的譲歩」がなされた㉜。さらに労働戦線と産業報国会は、それまであった労働者と職員の身分的格差を縮小し、社会の平等化を促進したという一面もあった㉝。産業報国会の組織率はそれ以前の労働組合を大きく上回り、一九四一年に七〇%まで達した㉞。事業所別に組織されたこの産業報国会が、戦後日本を特徴づける企業別労働組合の基礎となったとする議論もある㉟。

2　女性

戦争が終わると女性の多くが家庭に「復員」することにはなったものの、戦時下の動員は女性の社会的地位にも変化をもたらした。とりわけ重要なのは参政権の拡大である。[36] 第一次大戦末期にイギリス（三〇歳以上）、直後にはドイツ、一九二〇年にアメリカ（下院を一九一九年に通過し、一九二〇年には全州の三分の二の合意で憲法改正がなされた）、また第二次大戦終戦直後にフランスと日本で女性参政権が導入されている。なお、フランスでは第一次大戦後に下院で女性参政権を認める法案が圧倒的多数で可決されたが、その後保守派の強い元老院で否決されている。[37] どの国でも女性参政権の付与は、女性が果たした銃後での様々な「貢献」（工場での労働、食料の配給、衣服の作製、社会活動など）への「対価」としてもたらされたものだった。たしかに、参政権を求める運動は戦前から存在していた。戦争によって変わったのはそれに対する社会の見方、特にそれまで女性参政権に反対していた男性政治家たちの態度だった。アスキス首相（イギリス）やウィルソン大統領（アメリカ）はその代表的例である。戦前、女性参政権に反対していたウィルソン大統領は戦後、上院で「私たちは女性たちと共にこの戦争を戦った。私たちは苦痛と犠牲と苦労を女性たちと共にしておきながら、特権と権利は共にしないということを認めるのか」と女性参政権への支持を訴えている。[38]

3　人種・エスニシティ上のマイノリティ

アメリカでは人種・エスニシティ上のマイノリティの地位にも変化がみられた。まず、アメリカン・インディアンは第一次大戦での活躍が認められて一九一九年に帰還兵、さらに一九二四年にはアメリカン・インディアン全体に正式に国籍（シティズンシップ）が付与されることになった（ただし、実際に選挙権が行使できるまでにはまだ時間を要した[39]）。

第二次大戦では約一〇〇万人の黒人が兵士として、さらに数百万人が軍需産業の労働者として戦争に動員された。

一九四二年には海兵隊を含むすべての部署で黒人の加入が認められ、一九四四年には陸軍、海軍、航空隊で白人と同じ中隊で戦うことが認められた。南部諸州ではまだ存在していた隔離が、まず軍隊の中で廃止されることになったわけである。そこでの経験は、白人の黒人に対する態度にある程度変化をもたらしたことが当時の調査から知られている(40)。他方、労働者に対しては、連邦政府が設立した全国戦時労働委員会や公正雇用慣行委員会が人種に基づく賃金の差を禁止した。その決定に強制力はなかったものの、人種の平等化への契機となった(41)。政治的権利に関しては、一九四二年に制定された兵士投票法により、投票の前提として要求されていた人頭税の支払いが廃止された結果、黒人有権者の数が増えた。さらに一九四四年の連邦最高裁の判決により、政党が黒人をメンバーから排除するのは憲法違反であるとされた。これにより、黒人が党大会に参加できることになった。このようななかで黒人運動も活気づき、後の公民権運動で重要な役割を果たす全米黒人地位向上協会の会員数が増加し、一九四五年には五〇万人に達した(42)。

四　社会政策の拡大

総力戦が課した多大な負担・犠牲から発生する様々な社会的ニーズは、国家の社会政策を拡大させる要因となった。これは第一節で述べた統治者と一般市民との間の二つ目の交換関係の形成に対応している。この変化は戦後に成立した法律の数や社会支出の額を調査すると数量的にも実証することができる(43)。もちろん、社会政策それ自体が総力戦によって生み出されたというわけではない。しかし第一次大戦以前、失業や貧困、疾病などの産業化がもたらす社会的リスクに対処していたのは、主に民間の慈善団体や地方自治体だった。ドイツやイギリスでは国家によって労働者に対する社会保険が導入されてはいたが、まだ国民全体を包括するまでには至っていなかった。しかし、ここでも第一次大戦がそのような状況を大きく変えた。この戦争以後、国家が社会政策の中心的な担い手となって社会政策を拡大していった。「市民の福祉に国家が責任を持つという原則が広く受け入れられ、福祉プログラムが国家行政の不可欠の構成要素になった」のである。[44] 社会政策のロジックも変化した。一九世紀には貧者の救済を富裕者の「施し」であると捉える救貧法時代のパターナリスティックな観念が強く残っていたのに対し、第一次大戦後には社会給付は国家に対し当然に要求できる市民の権利であるという福祉国家のロジックが支配的なものになっていくのである。

1　出征兵士・労働者の家族

まずは働き手を徴兵されて収入源を失った家族への手当である。第一次大戦開戦後、ドイツの中央政府は既存の法律を改定し、兵士の妻と子どもの最低限の生活を保障する一律給付を始め、さらにその後給付額を増額した。一九一七年にはドイツの家族の約三分の一がその支給を得ていた。また、兵士の妻に対する産児手当も導入されている。[45] これらの扶助は、絶対的な貧困からの救済を行う従来の救貧制度とは異なり、兵士の家族全般に「社会的生存の最低限度」を保障するという意味を持つものだった。[46] イギリスやフランスも同様に、開戦直後に政府が兵士の家族に対する手当を支給している。[47] フランスではその他に、経営者が共同で基金を創設して労働者の家族に手当を支給する家族手当補償基金がいくつかの地方で創設され、戦後それが急速に全国に広まった。そこには、戦争での犠牲に対する補償という意味のほか、人口減少を回避するための出産奨励も意図されていた。[48] その後一九二三年には三人以上子どものいる労働者家庭すべてに、そして一九三二年には全労働者家庭に手当が支払われるよう、経営者は基金に参加することが義務づけられた。

日本は第一次大戦時に欧州諸国のような激しい総力戦を経験したわけではないが、大戦中の一九一七年に軍事救護法が制定され、負傷した下士官兵（将校より下位の軍人）やその遺族に加え、出征中の兵士家族を国家負担で保護することが定められている。[49] 一九三七年の日中戦争開戦の直前にこの法は軍事扶助法へと改定され、負傷兵の範囲、家族の範囲、扶助の条件（「生活スルコト能ハザル者」から「生活スルコト困難ナル者」へ）などが拡大された[50]。また、一九三八年に創設された国民健康保険制度は、兵士と労働者の体力・健康の向上とならんで、出征兵士の家族の生活を安定させる目的があったとされる[51]。じっさい翌一九三九年の改定で被保険者の家族給付が創設されている。

2　戦傷者、遺族、帰還兵

第一次大戦中のドイツでは、既存の法律の枠組みの下で戦傷者・戦争遺族に対する扶助を行っていたが、長期戦に対応したものではなく不十分であった。戦争終結後大量の兵士が戦場から帰還してくると、ヴァイマル政府は新たな法律を制定して扶助の体制を拡大した。その結果、費用の八割を中央政府（ライヒ）、残り二割を州政府（ラント）と地方自治体で分担することとなり、国家の役割は大きく増大した[52]。一九二〇年には帰還兵と戦争遺族に対する年金を定めたライヒ援護法が制定された。この年金には中央政府支出の約二割が割かれ、戦間期のドイツの社会政策の柱の一つとなっていく[53]。さらに政府は帰還兵の社会復帰を促進するため、身体に障害を負った兵士の採用を企業に強制的に割り当てる仕組みを定めている。イギリスでは第一次大戦開戦直後にすべての戦没下士官兵の妻に寡婦年金の支給を始めた。一九一六年の徴兵制導入と同時にその給付を担当する年金省が設置されるが、年金省は戦後も残り、寡婦と帰還兵への年金を支払い続けた[54]。その給付額はドイツと比較すると少なかったものの、「イギリス国家によってなされた最初の普遍的な最低生活給付」だったとされる[55]。フランスでは第一次大戦後の一九一九年に国民軍人年金制度が成立し、戦傷者や戦争遺族に対して給付が行われた。一九三五年までにフランス人の一〇％が戦争関連の年金を受給し、その額は中央政府全税収の一六％に相当した[56]。

アメリカはすでに南北戦争時に連邦政府の支出による軍人年金が導入されていて、第一次大戦の帰還兵にもこの制度が用いられた[57]。第二次大戦期になると一九四四年に帰還兵援助法（いわゆる「ＧＩビル」）が新たに制定され、帰還兵への包括的な給付が行われるようになった。これは帰還兵の教育や職業訓練の費用、低金利の住宅ローン、失業給付などを含むもので、九〇日以上兵役についていたすべての帰還兵がその対象となり、一五〇〇万人が何らかの給付を受けた[58]。特に帰還兵の半数以上が受給した教育給付は彼らの帰還後のライフチャンスを向上させた[59]。しかし、このような帰還兵への手厚い給付は国民全体への包括的な社会政策を進める契機とはならなかった。冷戦の開始とともに反共主義が高まり、「社会主義的」な政策に反対する世論が強くなったことがその一因であったと考えられる[60]。

日本では日中戦争開戦以後、軍事扶助法による受給者の数は増大し、軍事扶助費の額も一九三七年の三四〇〇万円から三八年の八五〇〇万円へと増加した[61]。太平洋戦争が始まるとその額はさらに増加し、一九四四年には一億五七〇〇万円となった。戦後、軍事扶助法は他の公的扶助法制とともに廃止されるが、主権回復直後の一九五二年に戦傷病者戦没者遺族等援護法が定められ、負傷兵や遺族に対する給付が始められた[62]。それは「国家補償の精神」に基づくとされ、他の戦争被害者に比べて特権的な扱いだった。

3　貧困・失業、戦争被害

軍需工場の生産停止、爆撃による経済インフラの破壊、大量の兵士の帰還などで戦後は失業者が急増した。第一次大戦後のイギリスでは、既存の失業保険ではそれに対応しきれず、一九一八年に国家給付による失業手当が導入された。一九二〇年には失業保険法が改定されて労働者の大部分が強制的に失業保険に加入するようになり、その翌年には扶養者手当も追加された[63]。ドイツでは一九一八年に帰還兵に対する一時的な対策として導入された失業給付が毎年更新され、その対象も「戦争に関連」した失業へと拡大されていった。その財源は中央政府が半分、州政府が三割、その他を地方自治体が負担し、国家の役割が拡大した[64]。しかし、その財源確保の困難さから、政府は労働者と雇用者に同率の拠出を求めるようになり、それが一九二七年の失業保険法につながっていった[65]。

第二次大戦の被害が甚大だった西ドイツでは建国当初、その社会政策のほとんどが戦争の被害者・犠牲者に向けられた。一九五〇年の連邦援護法では戦場での死傷を含むあらゆる戦争被害に対する包括的な補償が定められた。この年の西ドイツの連邦政府支出の二七％が戦争被害に対する社会給付に充てられている[66]。さらに一九五三年の負担均衡法では、ドイツ東部地域から追放された約八〇〇万のドイツ人被追放者への援助が定められ、それが彼らを西ドイツ社会に統合することに寄与した。一九五三年にはまた、ナチスの犠牲者への補償を定めた連邦補償法も制定された（その範囲はドイツ国内に居住地を持っていた者に制限された）[67]。しかし日本とは異なり、主権回復後も帰還兵に対する特別な社会給付は行われなかった。

日本では日中戦争開始後、様々な社会政策が打ち出された。厚生省が設置され、その下で国民健康保険法、社会事業法、職業紹介法、商店法などが制定された。それは戦争動員に備えて国民の健康の保護・向上、生活の安定を目的としたものだった。しかし、軍事扶助費など軍人関連の給付を除いた社会保障関係費は、一九三七年から四一年にかけて絶対額で約三倍に増加はしたものの、一般会計全体に占める割合は〇・七％程度にとどまっていた[68]。他方、一般市民の空襲被害に対しては一九四二年に制定された戦時災害保護法による援助が行われた。空襲の激化とともにその出費は一九四四年の一七〇〇万円から四五年の七億四五〇〇万円へと急増した[69]。戦後、戦時災害保護法や軍事扶助法をはじめとする戦前戦中の公的扶助はすべて廃止され、その代わりに「無差別平等」というＧＨＱの指令に基づいて生活困窮者を援助する生活保護法が制定された。その他にも、負傷兵・戦災身体障害者を援助するために身体障害者福祉法が、また戦争孤児や浮浪児を保護するために児童福祉法が占領期間中に成立し、生活保護法とともに戦後日本の「福祉三法」とされた[70]。しかしながら、社会政策への政府支出は戦前の水準から大きな変化はみられない。一般会計支出全体のうち社会保障関連費が占める割合は、一九三七年以前が八―九％程度だったのに対し、一九五二年の時点でも一〇％程度だった。しかも軍人関連以外での社会保障費の中心である生活保護は二―三％程度にとどまった[71]。

欧州諸国とは異なり、戦争が人々に課した負担や被害への「対価」は、社会給付という形で「返済」されなかったわけである。それが第二節で指摘した日本の政府支出に置換効果がみられなかったことの一因であろう。

４　包括的社会政策の構想

第二次大戦の戦火が激しさを増してくると、国家の統治者は戦争がその負担と犠牲に見合うべきものであることを示すため、戦後の包括的な社会政策の構想を提示するようになっていった。例えばイギリスでは、戦時連立内閣の下で戦後の「再構築」についての議論がさかんに行われた。各政党には再構築委員会が設けられ、政府には再構築省が設置された。「再構築」への展望を提示することは、「「イギリス人民に戦うに値する何物か」を与え、市民の士気を維持するための不可欠な手段」だったのである(72)。そのようなか、労働大臣が設置した部局間委員会の座長W・ベヴァリッジが一九四二年に公刊したのが『社会保険および関連サーヴィス』（いわゆる「ベヴァリッジ報告」）である。完全雇用、国民保険サーヴィス、家族手当、最低限の生活保障など、貧者や労働者に限定せず国民全体を広くカヴァーする社会サーヴィスがそこで提案された。この報告書の大きな反響に動かされ、関連する省庁も社会保険、医療、雇用政策などに関する白書を作成し、戦争末期には社会保険省も設置された。その後一九四八年にかけて一連の社会政策関連の法律が制定され、戦後イギリスの福祉国家の基礎が形成されることになったのである(73)。

アメリカではルーズヴェルト大統領が一九四四年一月の年頭教書演説で掲げた、いわゆる「第二の権利章典」が知られている。これは政治的権利を規定した既存の権利章典に追加されるべき社会経済的権利のセットであり、仕事を得る権利、医療を受ける権利、老齢・病気・事故による経済不安から適切に守られる権利、教育を受ける権利など一〇の権利から成り立っている。ルーズヴェルトは「この戦争が勝利した後、これらの権利を実現し、人間の幸福と福祉の新しい目標に向けて前進していかなければならない」と述べた(74)。しかしながらイギリスとは対照的に、戦後のアメリカは戦争中に提示されたこの「第二の権利章典」の理念から急速に離れていくことになる。

ドイツでは、Ｒ・ライの指導下にある労働戦線の研究機関「労働科学研究所」が戦時中に打ち出した「ドイツ民族の扶養事業」が注目に値する。体制内の抵抗にあって実現はされなかったが、旧来の職業別の社会保険制度を廃止し、全面的な国家給付による公的扶助を主張したその案は、民族的・人種的な「ドイツ人」に限定した上での「普遍的」な社会政策を目指していた[75]。また、同研究所は年金保険を国家が支給することで「退職者の生活水準が現役の民族同胞のそれとあまり違わないようにする」という構想を示していたが、それを「一九五七年以後連邦共和国で当然視されるようになった年金政策の基本的概念の原型」と捉える議論もある[76]。

五　国境管理体制の強化——旅券と査証

強化された国家の統治下で市民的諸権利が拡張され、社会政策が拡大された結果、国民の諸権利をより包括的に保障する国民的シティズンシップが形成される。それと連動して国家は、国境を越えた人の移動と「国民」のメンバーシップを管理する国境管理体制を強化していく。総力戦はその契機となった。

国家による国境管理は旅券と査証という書類を用いることによって行われた。旅券はフランス革命時に導入され、一九世紀前半に欧州に広まるが、産業資本主義が発達して資本と労働のグローバルな移動が進むなかで、一九世紀後半にはほとんどの欧州諸国がそれを廃止していた。しかし第一次大戦はそのような「自由放任型自由移動の時代」を終わらせた[77]。大戦が始まるとフランス、イギリス、ドイツはそれぞれ顔写真と署名を付した旅券を導入し、アメリカも参戦後、「敵国人」が合衆国を出入りする際には旅券の所持を義務づけた。戦時中の臨時的措置として始まったこのような国境管理の厳格化は、戦後も継続された。国際情勢が安定しなかったこと、ロシア革命により移民が治安の脅威として監視の対象となったことなどがその背景にあった。アメリカでは一九二〇年代に移民の出身国別の割り当て規制が始められるが、そこでは旅券に加え、在外領事館が発行する査証による「遠隔地国境管理」の方法が採用された[78]。日本も一九一七年から旅券に顔写真を付すことになり、一九二四年に当時国際標準となった手帳型の旅券を発行するようになった[79]。このようにして一九二〇年代に形成された国境管理体制は、その後第二次大戦中や終戦直後に発生した大量の難民や亡命者に対処するための国際協定の前提となり、それが今日まで続いている。

おわりに――強力でリベラルな国民国家とその後

本章では総力戦に向けた物的・人的動員の必要性から国家の統治能力が高まったこと、国家が一般市民に課した戦争への協力や負担・被害が、権利の承認や社会政策の拡大への政治要求や社会的ニーズを生み出したこと、その結果深まった統治者と一般市民との間の交換関係、そこでの調整や交渉の過程がより包摂的な国民的シティズンシップの形成に寄与したこと、そして第二次大戦後には相互に国境を管理し合う強力でリベラルな国民国家の体制が生み出されたことについて、その経緯を簡潔にスケッチしてきた。

本章ではあまり論じることができなかったが、統治者と一般市民との間の多面的な交換関係から国民国家形成を捉える本章での視点は、国民国家の間の差異にも光を当てることができる。例えば、所得税中心に徴税の累進性が進んだアメリカと間接税中心で累進性がそれほど進まなかったフランスとの違い、第二次大戦後社会政策が進まなかったアメリカと包括的な福祉国家形成に進んだイギリス、戦争被害への補償が軍人中心に進んだ日本と（ドイツ人）市民中心に進んだドイツとの違いなどである。また、交換関係の形成過程で国内の諸集団の様々な利害関心の相違からくる対立関係（例えば包括的医療保険に抵抗する医師会や保険会社など）が、各国民国家における国家と社会の関係性を特徴づけている。

　では、その後の国民国家についてはどうなのか。慢性的な財政難、経済自由主義の拡大、グローバル化の進展などで一九八〇年代以後、国民国家はその統治能力の低下とともに「リベラル」な社会政策からも撤退を迫られるようになっている。本章の観点からすると、そのような動きに対する理論的応答は以下の四つである。まずは、旧来の強力でリベラルな国家の再興である。しかし、現在進行する流れが不可逆的なものであるとすると、残る選択肢はリベラルで「弱い」国家への再編成か、権威主義的で強い国家の構築か、あるいは国民国家以外の統治形態の模索かの三つということになるだろう。戦後に確立された強力でリベラルな国民国家は、普通選挙と議会民主制を通じた集合的意思決定と、累進課税制度と社会政策を通じた「公正」な公共財の提供を可能にした。この二つの集合的機能を、今後の統治体制がどのように継承していくのか（あるいは継承しなくてもよいのか）を検討するのがこれからの課題になる。

（1）Charles Tilly, *Coercion, Capital, and European States, AD 990-1992*, Blackwell, 1992.

（2）Tilly, *op. cit.*; Michael Mann, *The Sources of Social Power*, Vol. 2, Cambridge University Press, 1993（森本醇・君塚直隆訳『ソーシャルパワー――社会的な〈力〉の世界歴史Ⅱ』上・下、NTT出版、二〇〇五年）、Andreas Wimmer, *Nation-Building: Why Some Countries Come Together While Others Fall Apart*, Princeton University Press, 2019 を参照。

（3）英仏独についてはBruce E. Porter, *War and the Rise of the State: The Military Foundations of Modern Politics*, The Free Press, 1994, p. 193、アメリカについてはSusan B. Carter *et al.* eds., *Historical Statistics of the United States: Earliest Times to the Present, vol. 5: Governance and International Relations*, Cambridge University Press, 2006, pp. 5-31、日本については大蔵省財政金融研究所財政史室編『大蔵省史――明治・大正・昭和』第二巻、大蔵財務協会、一九九八年、三六一、三八九―三八九頁を参照。

（4）Alan T. Peacock and Jack Weisman, *The Growth of Public Expenditure in the United Kingdom*, Gregg Revivals, 1994.

（5）佐藤成基『国家の社会学』青弓社、二〇一四年、二〇九―二一〇頁。

（6）大川一司・篠原三代平・梅村又次『国民所得（長期経済統計　推計と分析1）』東洋経済新報社、一九七四年、二〇〇―二〇一頁、江見康一・塩野谷祐一『財政支出（長期経済統計　推計と分析7）』東洋経済新報社、一九六六年、一六二―一六三頁をもとに計算した。

（7） Peter Flora *et al., State, Economy, and Society in Western Europe 1815–1975: A Data Handbook in Two Volumes*, Vol. I, Campus Verlag, 1983, pp. 293–294、Carter *et. al., op. cit.* 日本に関しては前掲注（6）大川・篠原・梅村 一九七四年と大蔵省財政金融研究所財政史室編『大蔵省史』第二巻、三六六頁、第四巻、三四四―三四七頁での数字を用いて計算した。

（8） Sven Steinmo, *Taxation and Democracy*, Yale University Press, 1993, pp. 21–23.

（9） Porter, *op. cit.*, p. 162; Michael Mann, *The Sources of Social Power*, Vol. 4, Cambridge University Press, 2013, p. 133.

（10） Michael Mann, *The Sources of Social Power*, Vol. 3, Cambridge University Press, 2012, p. 294.

（11） Steinmo, *op. cit.*, p. 76; James T. Sparrow, *Warfare State: World War II Americans and the Age of Big Government*, Oxford University Press, 2011, p. 112.

（12） Stefan Bach, *100 Jahre deutsches Steuersystem: Revolution und Evolution* (DIW Berlin Discussion Papers 1767), 2018; Flora *et al., op. cit.*, p. 306.

（13） Mathias André and Malka Guillot, "1914–2014: One Hundred Year of Income Tax in France," *IPP Policy Brief*, no. 12 (Institut des Politique Publiques), 2014.

（14） 関野満夫「日本戦時財政と所得課税」『経済学論纂』（中央大学）五七巻三・四合併号、二〇一七年。

（15） Steinmo, *op. cit.*, p. 53.

（16） Bach, a.a.O., S. 5; Steinmo, *op. cit.*, pp. 116–117; Porter, *op. cit.*, p. 283; 野口悠紀雄『1940年体制――さらば戦時経済』（増補版）東洋経済新報社、二〇一〇年、五八頁。

（17） Kenneth Scheve and David Stasavage, "The Conscription of Wealth: Mass Warfare and the Demand for Progressive Taxation," *International Organization* 64 (4), 2010, pp. 529–561.

（18） Steinmo, *op. cit.*, p. 78; Bach, a.a.O., S. 5; 前掲注（14）関野 二〇一七年。

（19） Götz Aly, *Hitlers Volksstaat: Raub, Rassenkrieg und nationaler Sozialismus*, Fischer, 2015, S. 68–71（芝健介訳『ヒトラーの国民国家――強奪・人種戦争・国民的社会主義』岩波書店、二〇一二年）。

（20） Steinmo, *op. cit.*, p. 22.

（21） Barry Supple, "War Economies," in Jay Winter ed., *Cambridge History of the First World War, Vol. II: The State*, Cambridge University Press, 2013; 中野剛志『富国と強兵――地政経済学序説』東洋経済新報社、二〇一六年、三六二―三六八頁。

（22） Marc Allen Eisner, *From Warfare State to Welfare State: World War I, Compensatory State Building, and the Limits of the Modern Order*, Penn State University Press, 2010, pp. 302–307.

（23） Jytte Klausen, *War and Welfare: Europe and the United States, 1945 to the Present*, Palgrave Macmillan, 1998; 前掲注（21）中野

二〇一六年、四三二―四三九頁。

(24) John Gerard Ruggie, "International Regimes, Transactions, and Change: Embedded Liberalism in the Postwar Economic Order," *International Organization* 36(2), 1982, pp. 379-414; 前掲注(21)中野 二〇一六年、四四五―四五二頁。

(25) Flora *et al., op. cit.*, pp. 209-243; Carter *et al., op. cit.*, pp. 127-128; 前掲注(6)江見・塩野谷 一九六六年、七頁。

(26) Christoph Sachße und Florian Tennstedt, *Geschichte der Armenfürsorge in Deutschland. Band 2: Fürsorge und Wohlfahrtspflege 1871 bis 1929*, Kohlhammer, 1988, S. 64-65.

(27) Elisabeth Kier, "War and Reform: Gaining Labor's Compliance on the Homefront," in E. Kier and R. P. Krebs eds., *In War's Wake: International Conflict and the Fate of Liberal Democracy*, Cambridge University Press, 2010.

(28) Eisner, *op. cit.*, pp. 39, 69; Sparrow, *op. cit.*, pp. 162-164.

(29) Chris Wrigley, "The Impact of the First World War," in C. Wrigley ed., *A Companion to Early Twentieth-Century Britain*, Oxford University Press, 2013, pp. 511-512; Eisner, *op. cit.*, p. 154.

(30) 厚生省五十年史編集委員会編『厚生省五十年史 記述篇』中央法規出版、一九八八年、四九五―五〇〇、五一八―五一九頁。

(31) 鍾家新『日本型福祉国家の形成と「十五年戦争」』ミネルヴァ書房、一九九八年、一四二頁。

(32) Eckart Reidegeld, "Krieg und staatliche Sozialpolitik," *Leviathan* 17, 1989, S. 507.

(33) 萩原進「産業報国体制の一考察」近代日本研究会編『年報・近代日本研究5 昭和期の社会運動』山川出版社、一九八三年、井上茂子「社会国家の歴史におけるナチ時代――労働者政策と福祉政策を事例にして」『上智史學』四四号、一九九九年。

(34) 岡崎哲二「産業報国会の役割――戦時期日本の労働組織」岡崎編『生産組織の経済史』東京大学出版会、二〇〇五年、二一四頁。

(35) 前掲注(16)野口 二〇一〇年、三〇頁。

(36) Porter, *op. cit.*, pp. 177-178.

(37) James F. McMillan, "World War I and Women in France," in Arthur Marwick ed., *Total War and Social Change*, Palgrave Macmillan, 1988.

(38) Robert P. Saldin, *War, the American State, and Politics since 1898*, Cambridge, 2011, p. 81.

(39) Russel Lawrence Barsh, "American Indians in the Great War," *Ethnohistory* 18(3), 1991, pp. 276-303.

(40) Saldin, *op. cit.*, pp. 119-120.

(41) Sparrow, *op. cit.*, pp. 165-166.

(42) Saldin, *op. cit.*, pp. 116-117, 111-112.

(43) Herbert Obinger and Carina Schmitt, "The Impact of the Second World War on Postwar Social Spending," *European Journal of*

Social Research 57(2), 2018, pp. 496–517; Obinger and Schmitt, "World War and Welfare Legislation in Western Countries," *Journal of European Social Policy* 30(3), 2020, pp. 261–274 などがある。

(44) Porter, *op. cit.*, p. 180.

(45) Peter Starke, "Impact of War on Welfare State Development in Germany," in Herbert Obinger *et al.* eds., *Warfare and Welfare: Military Conflict and Welfare State Development in Western Countries*, Oxford University Press, 2018, pp. 41–43.

(46) Sachße und Tennstedt, a.a.O., S. 52.

(47) Susan Pedersen, *Family, Dependence, and the Origins of the Welfare State: Britain and France, 1914–1945*, Cambridge University Press, 1993, pp. 107–119.

(48) Timothy B. Smith, *Creating the Welfare State in France, 1880–1940*, McGill-Queen's University Press, 2003, pp. 135–137.

(49) 小栗勝也「軍事救護法の成立と議会――大正前期社会政策史の一齣」『法政論叢』(日本法政学会)三五巻二号、一九九九年。

(50) 吉田久一『日本社会事業の歴史』勁草書房、一九六六年、二七八頁。

(51) 前掲注(31)鍾 一九九八年、八五頁、前掲注(30)厚生省五十年史編集委員会編 一九八八年、五三七―五四〇頁。

(52) Sachße und Tennstedt, a.a.O., S. 89.

(53) Deborah Cohen, *The War Come Home: Disabled Veterans in Britain and Germany, 1914–1939*, University of California Press, 2001, p. 7; Sachße und Tennstedt, a.a.O., S. 91.

(54) David Edgerton, "War and the Development of the British Welfare State," in Obinger *et al.*, *op. cit.*, pp. 206–208.

(55) Pat Thane, *The Foundations of the Welfare State*, Routledge, 1996, p. 121.

(56) Smith, *op. cit.*, p. 94.

(57) Glenn C. Altschuler and Stuart M. Blumin, *The GI Bill: A New Deal for Veterans*, Oxford University Press, 2009, p. 24.

(58) Suzanne Mettler, "The Creation of the G.I. Bill of Rights of 1944: Melding Social and Participatory Citizenship Ideals," *The Journal of Policy History* 17(4), 2005, p. 357.

(59) Sparrow, *op. cit.*, p. 256.

(60) Robert P. Saldin, "Foreign Policy on the Home Front: War and the Development of the American Welfare State," in Obinger *et al.*, *op. cit.*, p. 193.

(61) 前掲注(50)吉田 一九六六年、二七九頁、および大蔵省昭和財政史編集室編『昭和財政史 第三巻――歳計』東洋経済新報社、一九五五年、三三一、四六五頁。

(62) 前掲注(30)厚生省五十年史編集委員会編 一九八八年、九〇二―九〇七頁。

(63) Edgerton, *op. cit.*, pp. 209–210.
(64) Starke, *op. cit.*, p. 48.
(65) 福澤直樹『ドイツ社会保険史——社会国家の形成と展開』名古屋大学出版会、二〇一二年、第四章。
(66) Statistisches Bundesamt, *Statistisches Jahrbuch für die Bundesrepublik Deutschland*, Kohlhammer, 1954, S. 440.
(67) Tobias Ostheim und Manfred G. Schmidt, "Gründungskrise und Sozialpolitik: die 1950er Jahre der Bundesrepublik," in M. G. Schmidt *et al.* Hrsg., *Der Wohlfahrtsstaat*, VS Verlag, 2007; Starke, *op. cit.*, pp. 59–60.
(68) 前掲注(6)江見・塩野谷　一九六六年、二〇四—二〇五頁。
(69) 前掲注(30)厚生省五十年史編集委員会編　一九八八年、四七九—四八一頁、前掲注(61)大蔵省昭和財政史編集室編　一九五五年、五〇四—五〇五頁。
(70) 前掲注(50)吉田　一九六六年、二九六—二九八頁。
(71) 前掲注(6)江見・塩野谷　一九六六年、二〇六—二〇七頁。
(72) Jose Harris, "War and Social History: Britain and the Home Front During the Second World War," *Contemporary European History* 1, 1992, p. 24.
(73) Derek Fraser, *The Evolution of the British Welfare State: A History of Social Policy since the Industrial Revolution*, Palgrave Macmillan, 1973, pp. 192–222.
(74) Sparrow, *op. cit.*, pp. 197–200. ルーズヴェルトの演説は https://www.fdrlibrary.marist.edu/archives/address_text.html で全文が閲覧できる(最終アクセス：二〇二一年一〇月一〇日)。
(75) 前掲注(65)福澤　二〇一二年、一七八—一七九頁、前掲注(33)井上　一九九九年、一〇一—一〇二頁。
(76) Aly, a.a.O., S. 12, 42.
(77) Leo Lucassen, "The Great War and the Origins of Migration Control in Western Europe and the United States (1880–1920)," in Anita Böcker *et al.* eds., *Regulation of Migration: International Experiences*, Het Spinhuis, 1998.
(78) John C. Torpey, *The Invention of Passport: Surveillance, Citizenship and the State*, 2nd ed., Cambridge University Press, 2018, pp. 114–150.
(79) 陳天璽・大西広之・小森宏美・佐々木てる編著『パスポート学』北海道大学出版会、二〇一六年、一一一—一一二頁。

第４章

戦争と文化
——戦後ドイツの子ども文化に日本を照らして

柳原伸洋

はじめに

本稿では、第二次世界大戦後のドイツを例に「戦争と文化」について考えてみたい。具体的には、東西ドイツにおける文化と戦争との距離、とくに「子ども・青少年文化 Kinder- und Jugendkultur」(以下、子ども文化)におけるモノ、玩具などを題材とした考察となる。加えて、これを日本の戦争と社会との距離を測定するための思考の材料とすることを目指す。ゆえに本稿は、ある意味で奇妙で、だがある意味で日独それぞれの研究上の空隙について考える契機を提供するものとなる。

周知のように敗戦後のドイツは、第二次世界大戦やホロコーストという歴史上の惨禍を引き起こしたナチ時代を経て「平和国家」へと変容した。同時に、ナチ加害の責任という重荷を背負うことになった。これが東西ドイツの文化と戦争との関係に影響を与えたことは論を俟たない。この点は、後に紹介する戦争玩具の扱いとも関わってくる。これに、同様に敗戦を経験した日本の状況を反照させること、これが本稿の目的である。

最初に、本稿のテーマと関わる先行研究を押さえておこう。

一　日独の差異

ここでは、日本の戦争社会学研究に鑑みて、ドイツ（主に西ドイツ）の状況をみていく。そこでまず、二〇二〇年に日本で公刊された『ミリタリー・カルチャー研究』が扱っている内容を紹介したい。[1] 同書は、「ミリタリー・カルチャーとは何か」「日本の戦争と戦後」「メディアのなかの戦争・軍隊」「趣味としてのミリタリー」そして「自衛隊と安全保障」の五部構成となっている。日本では、この「ミリタリー・カルチャー研究」に関して多くの成果が出されている。翻ってドイツの状況では、「ミリタリー・カルチャー Militärische Kultur」は主に軍隊内文化を意味している。

実は筆者自身も、今までのドイツ体験から頭では分かっていたつもりだったが、やはり驚かされたのは、日独の「戦争と文化」研究における大きな隔たりである。[2] この違いは、現代の日常生活とも地続きである。筆者がドイツ出身の友人家族と日本のボウリング場などの遊戯施設を訪問したときに、そこに銃撃戦をテーマとしたアーケードゲームが置かれていた。彼らの家族の方針は、子どもには戦争を扱ったゲームを遊ばせないというものだ。私の知りうる範囲では、すべての親が子どもに戦争ゲームを遊ばせることには否定的だった。[3]

実は、ドイツの「青少年保護法 Jugendschutzgesetz」の第一五条「青少年に有害なメディア」は、「戦争を賞賛するメディア」を有害メディアだとしている。[4] 対して日本では、たとえば「東京都青少年の健全な育成に関する条例」に、「戦争」や「軍事」などの言及はない。[5]

この状況は、ドイツの戦争と文化、今回中心に据えたい子ども文化における戦争というテーマと直結している。先の私の「驚き」を具体化すれば、ドイツでは戦後の「戦争と子ども文化」の研究が少なく、日本では特撮・マンガ・

アニメと戦争に言及した研究・書籍が多いということになる。たとえば、二〇一二年に出版された『戦争社会学ブックガイド』を繙いてみても、その範囲は多岐にわたり、大衆文化やポピュラー・カルチャーもカヴァーされている。[6]この差異については、「平和」が強く前景化し、そのコインの裏側としてサブカルチャー内の戦争が広範化したという指摘や、日本が戦後、公式には軍隊を持たなかったがゆえに自衛隊が大衆文化に接近していったという説明がなされる。[7]本稿は、日本の内的状況ではなく、戦後ドイツを考えることで、日独の差異を示したい。

この違いを考えるにあたり、オーストリア出身のザビーネ・フリューシュトゥックの『戦争を遊ぶ――日本における子どもと近代軍国主義のパラドクス』(二〇一七年)を取り上げよう。これは、日本近現代史を子どもと軍事との関わりから論じた研究で、戦後日本のサブカルチャーにおける軍事コンテンツにまで触れている点が特徴だと言えよう。本稿では、同書の研究内容よりも、彼女の研究の内奥に秘められた日墺の差異への眼差しを抽出しておく必要がある。『戦争を遊ぶ』の序言で、一九六五年生まれの彼女は子ども時代を過ごした七〇年代を振り返りつつ、こう書いている。沈黙を貫く祖父、戦時中に比べて今がいかに恵まれているかを語る祖母、戦時下に幼少期を過ごした父の語り、これらがフリューシュトゥックにとっての「戦争」だったという。[8]実は、一九七七年に日本で生まれた筆者自身も家族内の会話から「戦争」を感じた記憶があるが、次に続く彼女の経験は私とは決定的に異なっている。それは、「終戦時に生まれた母は、街にいる元ナチ親衛隊員が誰であるかを教えてくれた」という箇所である。[9]

フリューシュトゥックはオーストリア出身であり、本稿で扱う西ドイツや東ドイツとは異なる戦争記憶がそこにある点には注意が必要だ。[10]しかし、前出の引用のように、ナチ・ドイツの過去が戦後ドイツ語圏において大きな影響を与えている点に変わりはない。さらに西ドイツと東ドイツに引きつけて語るのであれば、二つのドイツの異なる政治体制は、それぞれがナチ・ドイツを意識しつつ、戦争と文化との関係をときに培い、ときに破壊してきた。

フリューシュトゥックは、日本のマンガやアニメと戦争、さらに「萌えミリ」などの趣味文化についても言及し、これらを自衛隊が広報に利用している点を指摘する。日本に住む者の多くは、これらの「文化」に浸って生きているが、ドイツ語圏の出身者からすれば驚きをもって受け取られる事象である。ただし、「なぜ、ドイツ語圏と異なり、日本でこのような文化が生まれたのか」は、同書の問いではない。本稿もまた解答を明示するものではないが、東西ドイツと統一後のドイツにおける戦争と文化についてスケッチを描くことで、日本の状況を逆照射し、今後の「戦争と文化」研究のための素材を提供したい。

次に、ドイツの戦争と文化を日本語で記述するにあたり、ドイツ国内の研究状況をいわゆる「入門書」から押さえておこう。これらは日独の研究状況の決定的な差異を浮き彫りにしてくれるはずだ。まずは「軍事と社会」だ。

『軍事社会学入門 *Militärsoziologie. Eine Einführung*』は、「軍事社会学」と名のついた入門書である。[11] 二〇〇五年に出版された(二〇一二年に改訂)。全体で約五二〇頁に及ぶ本書は三部に分かれており、それぞれ「軍事と社会」「組織的観点からみた軍事」「軍事のなかの兵士」となる。他方、『軍事と社会科学ハンドブック *Handbuch. Militär und Sozialwissenschaft*』は二〇〇四年に出版され、二〇〇六年に改訂版が出された。[12] 全体で約六〇〇頁に及び、「軍事的組織」「軍事と社会」「国際システムと軍事の役割」「出動中の兵士」「軍事と多国籍」「兵士の仕事」「文献、研究機関、研究会」という構成となっている。さらにもう一冊の入門書を挙げておこう。二〇一〇年出版の『研究テーマ「軍事」*Forschungsthema. Militär*』は、「戦争、社会そして軍事」「軍事的組織」「軍人という主体」の三部構成になっている。[13]

「軍事と社会」研究に関し、これら三冊に共通しているのは、文化研究として軍隊内の文化が中心テーマとされている点である。これらの書籍が二〇〇〇年代半ば以降に集中している時代背景としては、一九九九年のコソボ空爆へのドイツ連邦軍の参加、二〇〇一年のアフガニスタン派兵決定、そして二〇〇三年のイラク戦争への派兵拒否など、軍をめぐる議論が沸騰していたことが挙げられる。また、三冊中の二冊の代表編者が女性である点は、ドイツの「軍事と文化」を示すには象徴的であり、指摘しておきたい。

では次に、戦争・軍事と社会学に着目してみよう。「戦争社会学 Kriegssoziologie」と「軍事社会学 Militärsoziologie」との関係では、前者が先発であり、後者へと領域を拡大していった経緯がある。戦争社会学の古典として引用されるゼーバルト・ルドルフ・シュタインメッツの『戦争の社会学 *Soziologie des Krieges*』(一九二九年)は、第一次世界大戦という総力戦が本格化した未曽有の戦争が社会と密接に結びついていたという意識から書かれている。[14] しかし、第二次世界大戦後の西ドイツでは、再軍備をめぐる論争などを経て、「戦争」が後景に退き、「軍事と社会」へとシフトしていった。この過渡期の本として、一九七七年のペーター・マイヤーの『戦争と軍事の社会学 *Kriegs- und Militärsoziologie*』が挙げられよう。マイヤーは書中において、社会学が「戦争」を扱わなくなったことについて苦言を呈している。[15] これは、二〇〇八年のハンス・ヨアスとヴォルフガング・クネーブルの共著『戦争の排除 *Kriegsverdrängung*』が指摘する「戦後のドイツ社会学における戦争の不在」にも繋がる。[16] 日本でも知られる社会学者ニクラス・ルーマンやユルゲン・ハーバーマスの社会理論は、戦争に関係する社会現象に目を向けておらず、[17] 戦争と社会との理論構築が不十分だったという。この指摘は、まさに日独の「戦争と社会」研究の方向性の違いとも関わるだろう。つまり、ドイツでは社会・文化のなかの「戦争」は、それほど注目されていないのである。

他方、歴史学の分野では「戦争と文化」はどのように扱われているのだろうか。まさに本稿のテーマ「子ども文化における戦争・軍事」については、第二次世界大戦中の子ども、そしてこの一〇年ほどのあいだは、第一次世界大戦について着手されてきた。[18] 二〇一四年が第一次世界大戦の開戦一〇〇年に当たる年だったことの影響が大きい。しかしながら、第二次世界大戦後の東西ドイツにおける子ども文化と戦争の関係が抜け落ちることが多い。[19] 二〇一八年に出版された『子どもの遊び、賭け事、戦争ゲーム——一九〇〇年から四五年における小さなものの大きな歴史 *Kinderspiel, Glücksspiel, Kriegsspiel. Große Geschichte in kleinen Dingen 1900-1945*』は、若手の歴史研究者アンドレ・ポスタートによって書かれた一般書だが、象徴的なことに一九四五年までを叙述範囲としている[20]。

次節以降は、西ドイツと東ドイツとを対置させつつ、日本の研究における「ミリタリー・カルチャー」を視野に入れて、戦後ドイツの「戦争と文化」を素描する。この際に、子ども・青少年を中心にして考えることで、戦争と社会の一側面を析出する。そして「おわりに」で、その結果を日本の「戦争と文化、そして社会」に照射してみたいと思う。

二　西ドイツ初期の戦争玩具論争

本節の導入として、日本で起こった「戦争と子ども文化」に関する論争についてみておこう。

二〇一九年七月、講談社ビーシー刊『はじめてのはたらくくるま 英語つき』という三―六歳向けの書籍の増刷中止のニュースがインターネット上を中心に飛び交った[21]。増刷中止の理由のひとつは、「戦車」を含む自衛隊の装備が六ページにわたって掲載されているなど、「武器としての意味合いが強い乗り物が掲載されてい」たことだった[22]。これに対する抗議が寄せられ、会社側は増刷しない旨を決定し、ホームページ上で発表した。この発表をめぐり、社の対応への賛同意見もあったが、相当数にのぼる反対意見があった。「武器は問題ない」や「自衛隊の存在を否定しているのではないか」という意見である。

では、西ドイツで武器と子ども文化との関係はどのようなものだったのだろうか。

武器と子どもの玩具との関係性については、戦争終結直後のドイツにおいて議論の俎上に載せられている。ナチ・ドイツを支えたものに軍国主義があり、加えて娯楽や余暇や玩具に至るまでもが体制支持や戦争遂行に活用された点も問題視された。たとえば、ヒトラーユーゲントをテーマとした「ヒトラーユーゲント 実地訓練」や「空襲警報」

などのボードゲームをはじめ、数多くの兵隊玩具があった。前者のボードゲームはユーゲント活動や規律化への理解促進の目的、後者には「銃後 Heimatfront」への空襲の危険性と、内部からの戦争士気崩壊などを危惧した民間防空措置が関係している。

敗戦後、このような戦争玩具は、ナチ訴追を含む「非ナチ化」が進むなかで批判に晒された。その起点となったのは、ナチ党の党大会会場があり、戦後の軍事法廷が開かれた都市ニュルンベルクだった。この南ドイツの都市は現在も「おもちゃ博物館」があるように、玩具製造で知られる。後述する子ども向け玩具「プレイモービル」も同地の近くで生み出されている。この背景には、工業製造と関わった文具やモノの製造がある。[23]

一九四五年以降しばらく、ドイツでは戦争玩具は製造されなかった。しかし四九年、ニュルンベルクの玩具メーカーが、アメリカの軍用ジープ「ヴィリー」のミニチュアを発売した。[24] これがヒット商品となり、戦争玩具が再び息を吹き返したのである。これを問題視したのが、マリアー・ディーツやマルガレーテ・ヒュッターといった女性の連邦議会議員たちだった。一九五〇年六月二三日、ボンの連邦議会で「戦争玩具の販売」に関する法案の議決がなされた。与党キリスト教民主同盟の議員ディーツは、大砲や戦車の玩具の破壊的な性質を指摘し、「私たち全員を戦慄させる、このお化けが、今やその座を狙って子ども部屋に忍び込んでくる。これは、恐ろしいことではないでしょうか」と演説した。[25] この「お化け」とは、直接的にはニュルンベルクの玩具見本市で発表された原子爆弾玩具を指している。ディーツは一九三三年のナチ政権成立まで、キリスト教主義的な女性運動や世界平和運動に携わっていた人物だった。この法案は可決され、表向きにはドイツの子どもに向けて「戦争玩具」を販売することが禁止された。しかし、南ドイツを中心に玩具産業の衰退を危惧する動きもあり、実際には戦争に関わる玩具は製造され続けることになる。[26]

この法は、唐突に出てきたものではない。西ドイツ成立後の社会において、再軍備をめぐる議論が各所で繰り広げられていたからである。[27] 一九五〇年一二月の『シュピーゲル』誌の再軍備に関するアンケートでは、八五・一%が

「徴兵は嫌だ」との回答結果が出ていた。[28]また、全体の四分の三が再軍備にも反対していた。[29]第二次世界大戦で、国内の地上戦を大規模に経験したドイツでは、軍に対する忌避感は相当強かったのである。それにもかかわらず、ドイツは日本とは異なり、公式な軍隊が再建されることとなる。西ドイツには連邦軍 Bundeswehr が、そして東ドイツには国家人民軍 Nationale Volksarmee が、それぞれ一九五五年と五六年に創設された。

ここで、松井広志『模型のメディア論』(二〇一七年)を参考にして、日本の状況を対置しておこう。一九五一年頃に日本で起きた戦争玩具追放運動は、子ども側の需要の高さによって頓挫したが、[30]西ドイツでは曲がりなりにも戦争玩具禁止が法制化された。日本の場合、朝鮮戦争が海の向こうで熱戦として戦われていたが、ドイツは分断されて冷戦の最前線となっていた。日独を比較検討する際には、これらの時代背景も考慮すべきだろう。

三　西ドイツの文化と戦争

西ドイツの子ども文化と戦争について考えるうえで重要なことは、教室空間から、「権威・服従」や暴力が追放されていった点である。ナチ・ドイツや戦争への忌避感などから、一九五〇年代にも教室内暴力についての苦情は寄せられていたが、[31]教室内の「権威」への批判がメディアで取り上げられ、世論と相俟《あいま》って、教室空間から暴力・権力が追放されていったのは「六八年世代」の影響が大きい。「規律、権威・服従、保守主義、伝統」等の要素を含む軍事文化は、六八年世代による破壊の対象だった。実際に六九年以降には、子どもに身につけさせたい能力に関するアンケートにおいて、「独立心・自由な意志」が「服従・順応」や「几帳面さ・勤勉」を抜いた。[32]さらに、六八年世代の反戦運動の影響も看過できない。六八年世代は反戦運動を通じて「平和の文化 Friedenskultur」を西ドイツ社会に根付かせていった。[33]また、学校文化における平和教育が成果を上げてくるのも一九七〇年代である。

これらは同時に、消費行動の変容も促すこととなり、玩具において「戦争」を扱うものが忌避されるようになったと考えられる。たとえば、一九七四年に創業した「プレイモービル」のゲオブラ・ブランドシュテーター社は、二〇世紀以降の戦争をテーマにした人形を発売しない方針を打ち出している。ただし、文化における戦争が完全に放逐されたわけではない。少し時間を戻して考えてみたい。

実は「趣味」として、従軍戦記小説が一定の地位を得ていたのも事実である。たとえば、一九五七年に創刊された戦記雑誌『デァ・ランツァー *Der Landser*』（以下『ランツァー』と記す）が知られている（図1）。この週刊誌は、一九五〇年代の戦記映画の流行に乗り発刊され、およそ六万部の発行部数があったとされる。[34] 同誌には、一九五五年のドイツ再軍備を擁護する性格が認められる。つまり、「ナチとは違う清廉な軍隊」としてのドイツ国防軍の「神話」を描写する物語が多かった。[35]

図1　*Der Landser*, Nr. 2830, Rastatt 1995.

『ランツァー』には、主に東部戦線で戦った兵士を主人公とする小説が掲載されている。ナチ・ドイツの占領政策、ユダヤ迫害や蛮行の描写は避けられ、防衛戦争を戦った勇敢な英雄かつ被害者としての兵士が登場する。同誌は駅のキオスクなどでも販売されており、読者層は主に男性の青年から大人だとされる。一九六〇年代の前半から、しばしば若者への害が指摘されていた。[36]

『ランツァー』は、その後も販売され続けたが、一九九〇年代に入ると「国防軍神話」も、東部地域のユダヤ人やその他の民間人虐殺に軍が関与した事実が知られていくことで解体されていった。[37] 戦後西ドイツのミリタリー・カルチャーを支えてきたものが「ナチは悪かったが、軍隊(国防軍)は悪くない」という神話だったことは確かである[38]。

ベルリンの壁崩壊直前の一九八〇年代後半、西ドイツの子ども文化では、戦争に関して「ゴッチャ Gotcha(I got you の略語)」が問題視されていた。これは、いわゆるサバイバルゲームで、軍事教練なのか余暇スポーツなのかについての議論が浮上した[39]。西ドイツでは、テロが幾度か発生しており、とくに一九八〇年のオクトーバーフェスト爆殺事件では一三人が犠牲となった。実行犯は二一歳の青年で、極右組織「軍事スポーツ団ホフマン」やネオナチ「ヴァイキング団」のメンバーだった。この影響もあり、サバイバルゲームの禁止を求める動きが起きたのである。二〇〇七年にバイエルン州の都市リンダウは、サバイバルゲーム施設の建造禁止を決定したが、これに対して、一二年のバイエルン行政裁判所の判決で「スポーツをすることは人間の尊厳と合致し、ドイツでは合法」とされた[40]。ただし、一八歳未満は禁止で、ゲームに使用する弾は「武器法」の管理下に置かれるとしている。

四　東ドイツの国防教育

では、西ドイツと同年に成立した東ドイツの軍事・戦争と文化の状況は、どのようなものだったのだろうか。実は、東ドイツの子どもの文化には、ある意味で徹底して「戦争」が入り込んでいた。ただし、建国の理念としては「ナチ抵抗者の建国した国」として、ナチ時代の否定とともに、建前としては軍国主義も否定されていた[41]。

だが冷戦が本格化していくと、一九六二年一月に東ドイツに一般徴兵制が導入される。ベルリンの壁構築の翌年である。これ以後、軍事を通じた国民教育が強化され、たとえば一九七〇年には民間防衛法が成立している。

東ドイツにおいて、軍隊は「巨大な社会化の装置」として機能した[42]。体制への服従や規律訓練としての兵役、そして軍事文化の形成は、東ドイツにとって重大事であった。子どもに対する社会主義教育は国防教育とセットで語られた。東ドイツの基礎的な国家システムや社会主義理念を教える学校教科「公民科 Staatsbürgerkunde」には、国防教育が如実に表れている。たとえば、一九七四年の第八学年(日本の中学二年生に相当)の公民科教科書では、全六章中の第三章「社会主義社会における国民と共同体　国民の基本的権利と義務」中の「平和および社会主義的祖国の防衛」の節に、兵器の写真がずらりと並べられている(図2)。ここでは、世界的な社会主義の前進に敵対するアメリカや西ドイツの帝国主義の存在、これに対抗するための軍の必要性が唱えられた。また、平和への愛と社会主義防衛、そして若者の義務とが密接に結びつけられている。一九八四年の八年生向けの同教科書は、カラー化し、さらに西ドイツやアメリカの現状と核戦争の脅威とが結びつけられ、国民の防衛参加義務が記されている。

　実は、ここで資料を提示した一九七四年と八四年のあいだの一九七八年には、第九・一〇学年に「国防授業 Wehrunterricht」が必修科目として導入され、そちらに国防実践や兵役前の訓練などが移行されていた。

図2　*Staatsbürgerkunde Klasse 8,* Berlin 1974, S. 42.

　これらの東ドイツ教育は、「平和」を掲げながら、平和を乱す資本主義諸国に対する防衛戦争を文化内に組み入れていった。東ドイツ史研究者のイルコ＝ザーシャ・コヴァルチュクの指摘するように、社会主義統一党による独裁は「平和、社会主義、幸福」を確たるものとし強化するために、「憎悪のための教育」を基盤としたのである[43]。

　このような軍事教育は、中高生以外の児童向けコンテンツにも登場する。東ドイツの幼児教育番組のキャラクターで、現在も人気のある「ザントメンヒェン」

図3　Bundesarchiv Bild 183-U0602-047.

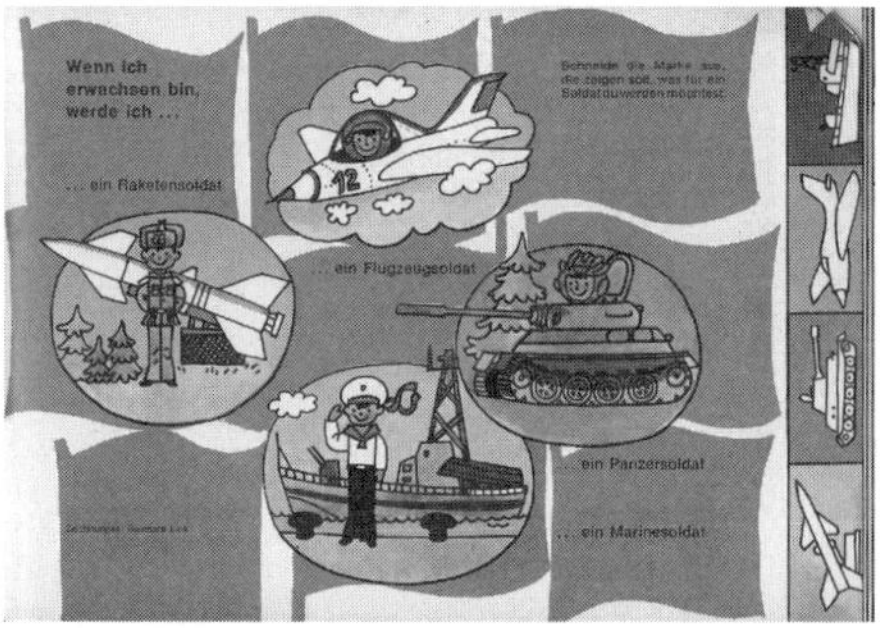

図4　*Bummi*, Nr. 3, in: *Bummi Sammelband 23*, Berlin 1976.

は、一九八二年の放送回で国家人民軍を訪問し、そこで装甲車に乗せてもらう等、国防教育に貢献している。

子ども文化における戦争・軍事は、あらゆる面に及んだ。写真(図3)は、一九七九年に東ベルリンで開催された「ぼくらは祖国を守る!」という催し物で撮影されたものである。他にも、童謡曲「大きくなったら人民軍に入る」には、「人民軍に入ったら戦車や飛行機を操縦する」や「大砲を撃つ」という歌詞がある。幼少期からの徹底した国防教育を示す事例であろう。図4は、子ども向け雑誌『ブンミ *Bummi*』である。この頁には、「大人になったら……」とあり、それぞれ戦闘機、戦車、軍艦、そしてロケット軍が描かれている。この絵のタッチを見ても分かるように、「子どもらしさ」や柔らかさが重視されている点に着目したい。

これらには、子ども文化との関わりをめぐる論点として、「戦争の通俗化・平凡化」が如実に見られる。つまり、巨大な暴力が吹き荒れ、さらには大量死をもたらした第二次世界大戦を中心とする戦争から、死や恐怖を脱色した図が展開されるのである。

最後に、東ドイツにおける「平和の文化」にも簡単に触れておこう。一九八一―八二年に起こった東ドイツ最大の反体制運動として、「剣の代わりに鋤《すき》を」運動がある。(44) 軍国主義化への反対運動として注目すべきであり、一九八九年のベルリンの壁崩壊へと繋がるデモの中心点としてのキリスト教会との関連も指摘できよう。

おわりに

「奇妙な」論稿という出だしで書きはじめられた本稿を、これまで言及した点を論点として明確化させて締めくくりたい。これは、日独双方の「戦争と社会・文化」研究で参照可能にしておくことを意図している。

ひとつは、「戦争の通俗化・平凡化」という論点である。これを、東西ドイツ統一後のドイツ連邦共和国軍を例に考えてみよう。一九九〇年一〇月、ドイツは統一を果たした。実際には、西ドイツが東ドイツを呑み込んだかたちとなり、当然、東ドイツの国家人民軍もまたドイツ連邦軍に組み込まれた。教育や研究面でも東ドイツの軍事教育や研究は廃止され、西ドイツ式に変更された。(45) 子ども向け番組「ザントメンヒェン」の再放送は統一後のドイツでも人気を博したが、戦車が登場する回はカットされている。

本稿で引用した諸研究も指摘するように、日本の自衛隊では早くから軍隊や戦争の通俗化が進んできた。ある意味で、ドイツ連邦軍は、自衛隊の「通俗化」を追うことになる。とくに、二〇一一年に一般徴兵制が廃止された後、連邦軍もまた一般向け広報を展開する必要に迫られた。「青少年向け広報官」は、子ども向けの啓蒙イベントや学校などの教育機関での出張講義・ゼミなどを実施しており、徴兵制廃止の前後からその活動は広範化している。二〇一〇年には七三五〇の催し物・講演などを開催し、合計一七万六八六二人の参加があったという。(46)

写真の兵士募集広告（図５）には「チーム精神」と書かれている。軍事文化のひとつとしての「共同体感情」が体現されているといえよう。ただし、連邦軍の広報活動には否定的な人も多く、他の広告で鼻下に「ちょび髭」が描かれ

図５　ドイツ連邦軍の広報広告(筆者撮影，2019年)

「人殺し」と落書きされたものを筆者は見たことがある。

ここからは、独日における戦争と文化との関係性を、先進的なドイツと後進的な日本として単純化することはできない。逆に、ドイツの現状を分析するときの参照項として活用することが可能だろう。

もうひとつは、戦争と文化と極右主義者の問題である。二〇一一年、「国民社会主義地下組織NSU」が長年行ってきた連続殺人事件が発覚し、ドイツ全土を震撼させた。彼らは一九九〇年代に極右主義者(ネオナチ)となり、人種主義・排外主義の下、警官一人と外国出身者あるいは移民系の九人を、爆弾や銃によって次々と殺害した。この組織は「ツヴィッカウのテロ組織細胞」とも呼ばれる。ツヴィッカウは旧東ドイツの都市であり、NSUの中心メンバーは一九七〇年代生まれの旧東独出身者だった。

東ドイツにおいてファシズムを否定するために進められた「軍事・戦争と文化との結びつき」は、皮肉なことに「ファシスト的」暴力と結びついたともいえる。もちろん単純化はできないが、旧東ドイツの極右問題は深刻であり、それは統一後の歪みとして捉えられる。やや挑発的に逆から考えてみれば、統一ドイツの中核となった西ドイツが文化および社会から「戦争の排除」を進めていたがゆえに、若者がテロリスト活動に身を投じていく動機に社会が対応しきれなかったといえるかもしれない。

最後は二一世紀の「子ども文化における戦争」についてである。子どもの玩具も様々な変化を迎えている。ドイツ企業として有名な模型会社メルクリンは、二〇〇七年に戦争玩具を販売するようになった。保守系新聞の『ヴェルト』紙には、戦争玩具の復活を言祝《ことほ》ぐ記事が掲載された[47]。実はその後、メルクリン社は倒産し、経営が再編されていることから考えて、戦争玩具は経営不振を乗り切る戦略にはならなかった。もしくは、ドイツの「平和文化」において生き残れなかったと考えられるが、これは断定できない。

二〇二〇年代の現在、日本のみならずドイツでも高い人気を誇っているのが、インターネット上での対戦型戦闘ゲームである。たとえば、「フォートナイト」(二〇一七年〜)、「荒野行動」(二〇一七年〜)、そして「エーペックスレジェンズ」(二〇一九年〜)などがある。これらは、「殺し合い」を個人・チームで体験するゲームで、二〇二〇年初頭からの新型コロナウイルス感染症の流行により、子どもが自宅にいることが増えたことも影響し人気を博している。ゲーム内では、友だち同士がネット上で会話しながら「共同体感情」を創りあげる遊びに興じることができる。年齢制限が設けられているものの、動画配信サイトなどでプレイ画面を目にする機会もあり、多くの子どもが知るゲームとなっているのが実情だろう。

本稿では、戦争と日独の社会を考えるために「戦争と子ども文化」に焦点を合わせ、ドイツの状況を日本に照射しながらそれぞれの特徴を浮かび上がらせることに挑んだ。戦後社会における両者の差異は大きく、比較は容易ではない。しかし、第二次世界大戦の敗戦後に、社会内で「戦争」をどのように包摂あるいは排除していったのか、その軌跡を比較考量することは、研究上、あるいはそれぞれの社会を構想するうえでも有意義だろう。

(1)　吉田純編/ミリタリー・カルチャー研究会『ミリタリー・カルチャー研究——データで読む現代日本の戦争観』青弓社、二〇二〇年。

(2)　「戦争文化」という観点では、以下を参照。マーティン・ファン・クレフェルト/石津朋之監訳『戦争文化論 上・下』原書房、二〇一〇年、石津朋之『戦争学原論』筑摩書房、二〇一三年。

(3)　ただし、私の知りうる範囲のドイツ人の知り合いが、大卒者層である点には注意を向けなければならない。

(4)　Jugendschutzgesetz. https://www.gesetze-im-internet.de/juschg/BJNR273000002.html(最終アクセス：二〇二一年八月一日)

（5）「東京都青少年の健全な育成に関する条例」https://www.reiki.metro.tokyo.lg.jp/reiki/reiki_honbun/g101RG00002150.html#e000000245（最終アクセス：二〇二一年八月一日）

（6）野上元・福間良明編『戦争社会学ブックガイド——現代世界を読み解く一三二冊』創元社、二〇一二年。

（7）須藤遙子『自衛隊協力映画——『今日もわれ大空にあり』から『名探偵コナン』まで』大月書店、二〇一三年、田中雅一編『軍隊の文化人類学』風響社、二〇一五年、ザビーネ・フリューシュトゥック／花田知恵訳『不安な兵士たち——ニッポン自衛隊研究』原書房、二〇〇八年、藤津亮太『アニメと戦争』日本評論社、二〇二一年など。

（8）Sabine Frühstück, *Playing War. Children and the Paradoxes of Modern Militarism in Japan*, University of California Press, 2017, p. ix.

（9）Frühstück, *Playing War*, p. ix.

（10）戦後オーストリアの歴史意識については、以下の書籍を参照。水野博子『戦後オーストリアにおける犠牲者ナショナリズム——戦争とナチズムの記憶をめぐって』ミネルヴァ書房、二〇二〇年。

（11）Nina Leonhard, Ines-Jacqueline Werkner (Hrsg.), *Militärsoziologie. Eine Einführung*, Wiesbaden 2005 (2012).

（12）Sven Bernhard Gareis, Paul Klein (Hrsg.), *Handbuch. Militär und Sozialwissenschaft*, Wiesbaden 2004 (2006).

（13）Maya Apelt (Hrsg.), *Forschungsthema. Militär. Militärische Organisationen im Spannungsfeld von Krieg, Gesellschaft und soldatischen Subjekten*, Wiesbaden 2010.

（14）Sebald Rudolf Steinmetz, *Soziologie des Krieges. Mit einem Nachwort von Arno Bammé*, Marburg 2004.

（15）Peter Meyer, *Kriegs- und Militärsoziologie*, München 1977.

（16）Hans Joas, Wolfgang Knöbl, *Kriegsverdrängung. Ein Problem in der Geschichte der Sozialtheorie*, Frankfurt am Main 2008.

（17）Joas, Knöbl, *Kriegsverdrängung*, S. 10. ただし、彼らの著作後に、たとえば以下の学術書が出ている。Barbara Kuchler, *Kriege. Eine Gesellschaftstheorie gewaltsamer Konflikte*, Frankfurt am Main 2013.

（18）Bérénice Zunino, *Die Mobilmachung der Kinder im Ersten Weltkrieg. Kriegskultur und illustrierte Kriegskinderliteratur im Deutschen Kaiserreich, 1911-1918*, Bern/Berlin 2019. 以下の『シュピーゲル』誌の記事も参照：https://www.spiegel.de/geschichte/kinderbuecher-im-ersten-weltkrieg-a-981294.html（最終アクセス：二〇二一年八月一日）

（19）Kathrin Kiefer, Lisa Lüdke u.a. (Hrsg.), *Kinder im Krieg. Rheinland-Pfälzische Perspektiven vom 16. bis zum 20. Jahrhundert*, Berlin 2018.

（20）André Postert, *Kinderspiel, Glücksspiel, Kriegsspiel. Große Geschichte in kleinen Dingen 1900-1945*, München 2018.

（21）「幼児向け図鑑に「戦車」は不適切？　講談社『はたらくくるま』増刷中止に疑問の声も」J-CASTニュース、二〇一九年七月二五日：https://www.j-cast.com/2019/07/2536538.html?p=all（最終アクセス：二〇二一年九月一日）

（22）「ＢＣキッズ「はじめてのはたらくくるま 英語つき」につきまして」株式会社講談社ビーシーホームページ：https://www.kodansha-bc.com/archives/2157（最終アクセス：二〇二一年八月一日）

（23）柳原伸洋「ニュルンベルクと鉛筆――ステッドラー、ファーバーカステルなど」石田勇治編『ドイツ文化事典』丸善出版、二〇二〇年、四八―四九頁。

（24）Marc von Lüpke, „Militärspielzeug nach 1945. Heimatfront im Kinderzimmer“, in: *Spiegel*, 26. 06. 2013, https://www.spiegel.de/geschichte/kriegsspielzeug-aufruestung-im-kinderzimmer-a-951166.html（最終アクセス：二〇二一年九月一日）

（25）Deutscher Bundestag, 72. Sitzung, 23. Juni 1950, S. 2620, https://dserver.bundestag.de/btp/01/01072.pdf（最終アクセス：二〇二一年九月一日）

（26）von Lüpke, „Militärspielzeug nach 1945“.

（27）ドイツ再軍備については、以下の書籍を参照。岩間陽子『ドイツ再軍備』中央公論社、一九九三年。

（28）Karlheinz Lipp, „Friedenschronik 1945–55“, in: Detlef Bald, Wolfram Wette (Hrsg.), *Alternativen zur Wiederbewaffnung. Friedenskonzeptionen in Westdeutschland. 1945–1955*, Essen 2008, S. 185.

（29）von Lüpke, „Militärspielzeug nach 1945“.

（30）松井広志『模型のメディア論――時空間を媒介する「モノ」』青弓社、二〇一七年、Kindle, No. 1525/4434.

（31）Eine Vorreiterrolle kann der BRD nicht zugeschrieben werden. Interview mit Julia Bäumler über die Entwicklung des Züchtigungsrechts, https://lisa.gerda-henkel-stiftung.de/pruegelstrafe?language=en#fn4（最終アクセス：二〇二一年九月一日）

（32）Detlef Siegfried, „Protest am Markt. Gegenkultur in der Konsumgesellschaft um 1968“, in: Christina von Hodenburg, Detlef Siegfried (Hrsg.), *Wo „1968“ liegt. Reform und Revolte in der Geschichte der Bundesrepublik*, Göttingen 2006, S. 69.

（33）ドイツの平和運動については、以下の書籍を参照。竹本真希子『ドイツの平和主義と平和運動――ヴァイマル共和国期から一九八〇年代まで』法律文化社、二〇一七年。

（34）Torben Fischer, Matthias N. Lorenz (Hrsg.), *Lexikon der „Vergangenheitsbewältigung“ in Deutschland. Debatten- und Diskursgeschichte des Nationalsozialismus nach 1945*, Bielefeld 2015 (3. Auflage), S. 121.

（35）「国防軍神話」は、一九四五年五月九日、ヒトラー自殺後に大統領に就任した海軍総司令官カール・デーニッツが臨時政府からの放送においてすでに「清廉な国防軍」を強調し、この時点で神話は創始されていた。Jens Westermeier, „Wehrmachtsbilder von 1945 bis heute“, in: ders. (Hrsg.), „*So war der deutsche Landser...*“. *Das populäre Bild der Wehrmacht*, Paderborn 2019, S. 5. また、この点は、以下の日本の研究と比較可能であろう。佐藤卓己『八月十五日の神話――終戦記念日のメディア学』ちくま新書、二〇〇五年。

（36）Fischer, Lorenz, *Lexikon der „Vergangenheitsbewältigung“*, S. 121.
（37）Fischer, Lorenz, *Lexikon der „Vergangenheitsbewältigung“*, S. 312-314.
（38）二〇一三年、『ランツァー』は廃刊された。なお、この観点から、たとえば以下の研究との比較が可能だろう。佐藤彰宣『〈趣味〉としての戦争——戦記雑誌『丸』の文化史』創元社、二〇二一年。
（39）Gotcha! 01. 10. 1989, https://www.spiegel.de/video/paintball-gotcha-video-99009784.html（最終アクセス：二〇二一年九月一日）
（40）Rechtslage beim Paintball: Vorgaben in Deutschland, 05. 07. 2013, https://www.t-online.de/gesundheit/fitness/id_64245092/rechtslage-beim-paintball-vorgaben-in-deutschland.html（最終アクセス：二〇二一年九月一日）
（41）柳原伸洋「東ドイツ建国の建前と実情」田野大輔・柳原伸洋編『教養のドイツ現代史』ミネルヴァ書房、二〇一六年、二四九—二五三頁。
（42）Hans Ehlert, „Vorwort“, in: Matthias Rogg, *Armee des Volkes? Militär und Gesellschaft in der DDR*, Berlin 2008, S. XI.
（43）Ilko-Sascha Kowalczuk, *Stasi konkret. Überwachung und Repression in der DDR*, München 2013, S. 25.
（44）清水望『平和革命と宗教——東ドイツ社会主義体制に対する福音主義教会』冬至書房、二〇〇五年、三六—三七頁。
（45）ユルゲン・アンゲロフ／柳原伸洋訳「息の詰まるような場所での研究——東ドイツ時代の軍事史研究についてのコメント」トーマス・キューネ、ベンヤミン・ツィーマン編／中島浩貴ほか訳『軍事史とは何か』原書房、二〇一七年、九三—一一六頁。
（46）Lena Sachs, *Die Zusammenarbeit zwischen Bundeswehr und Bildungseinrichtungen. Eine kritische Analyse*, Freiburg 2012, S. 9.
（47）Matthias Heine, „Endlich wieder Kriegsspielzeug“, in: *die Welt*, 15. 02. 2007, https://www.welt.de/kultur/article717073/Endlich-wieder-Kriegsspielzeug.html（最終アクセス：二〇二一年九月一日）

第5章 戦争と責任——歴史的不正義と主体性

吉良貴之

はじめに

戦争責任という主題は個人主義的な道徳とはいかにも相性が悪い。過去の戦争についての責任が論じられるとき、「いつまで謝り続けないといけないのか？」という感情的反発がつねに生じるのも、当該個人が行ったことでないにもかかわらず、という点とともに、そもそも戦争という大きすぎる害悪について「この私」という小さな個人が責任を問われうるような道徳的な不釣り合いも原因としてあるだろう。だとすると、集合体としての国家や企業が行った加害については、最初から個人を超えた道徳を考えるべきなのかもしれない。実際、本稿の大部分でもそうした考察を行うのだが、そう論じてしまうことによって個人にとって過去の不正義が「他人事」になってしまうことへの危惧もある。それを多少なりとも避けるため、政治哲学上のある論点から本稿を始める。

政治哲学上のリバタリアニズム（自由至上主義）は、個人の自由の最大限の保障を目指す、現代においておそらく最も個人主義的な思想である。そうした思想の蔓延のせいで現代に生きる人々は原子化し、社会の紐帯が失われたといった非難がなされることも多い。ロバート・ノージックの著書『アナーキー・国家・ユートピア』（一九七四年）は現代リバタリアニズムの代表的著作とみなされているが、そこでの中心的な主題の一つは財産に対する所有権の正当化根拠である。[1] ノージックいわく、人々は正当に獲得した財産について権原(entitlement)を持ち、自由に処分できる。正当に獲得された財産は自由な契約によって人々の間を正当に移転する。この「獲得の正義」「移転の正義」は個人の財産権を擁護することによって自由な経済活動を保障し、またそれに対する国家の介入を最小化する、きわめて個人主義的な思想として捉えられてきた。

しかし翻って考えてみるに、現代の我々が有する財産は元をさかのぼったとき、「獲得の正義」にかなっているのだろうか。アメリカ合衆国に典型的だが、おそらくほとんどの国家には、その成立にあたって先住民に対する侵略と収奪という加害の歴史がある。それによって獲得された財産は原初において不正であり、そうした財産を時を経て継承している我々は、権原のないものを勝手に用いているにすぎないのではないか。もしそうだとすれば、個人主義的とみなされてきたこの思想はまったく反転し、不正な財産の大規模な返還を道徳的に求めることになるかもしれない。[2] むろん、第二節で見るように、論じられるべきことは多く残っているが、個人主義の極北とみなされてきたリバタリアニズムにおいて、それを根本から崩しかねない過去世代の責任という論点への意識があることは重要である。戦争責任をめぐる議論に「小さな個人」として反発する心情は理解できるが、そこで当の個人を成り立たせるものが何なのかもまた問われなければならない。過去の大規模な不正があって初めて、その小さな個人は存在しているかもしれないのである。

本稿の問題設定

戦争や植民地支配においては、きわめて多様な形での害(harm)が生じる(以下、一般的に述べる場合には「歴史的不正義(historical injustice)」とする)。さまざまに論じられている正義の諸類型のうち、生じた害の正しい矯正のあり方を矯正的正義（corrective justice）と呼ぶ。簡単に定式化しておくと、矯正的正義の問いは〈何らかの害を主体Aに対して与えた主体Bは、どのような根拠によって、また、どのような方法によって、その害を償うべきか〉ということになる。本稿は、戦争や植民地支配において生じる害の矯正的正義について、時間軸のなかにある各世代間の正義（intergenerational justice）の視角から考察する。この「世代間正義」論の中でも、過去世代からの責任の継承をめぐる議論は近年、「歴史的不正義」論として活発に議論されており、本稿でも適宜参照する。それによって、過去の世代が行った戦争や植民地支配の責任を、それらに少なくとも直接は加担していない現在世代（および将来世代）がなぜ・どのようにして負うべきか（あるいは免責されるべきか）という議論の基礎を構築することを目的とする。

本稿は主として英語圏の分析的な法／政治哲学の文献を参照しながら、先の定式のそれぞれの要素について考察すべき論点を示し、各種の主張についての検討を行う。順番を先に示しておくと、①害を与えた／受けた、その矯正をすべき／されるべき人々は誰なのかという主体の問題と、②害の矯正はどのようになされるべきかという方法の問題、について論じる。

なお、本稿は歴史的に実際に生じた特定の戦争や植民地支配の責任のあり方を問うものではない。加害と被害の主体の幅が不明確で、害とその矯正に時間的な距離があるために問題が困難になっている状況についての、あくまで一般的な考察である。

一　世代間矯正的正義の困難

1　縦横の主体性の無数の組み合わせ

戦争や植民地支配のような状況では、冒頭に示した定式のあらゆる要素が拡散し、独自の道徳的難問を引き起こすことになる。まず、加害と被害の主体性から考える。害を与える主体Aは、直接その行為を行った個人なのか、それとも当該個人が属する何らかの集合的主体(国家、民族、企業、階級、家族、ジェンダー……)なのか。また、害を与えられる主体も同じく多様に考えられる。加害主体と被害主体の「幅」だけでも、無数の組み合わせがありうる。

また、戦争や植民地支配のような状況では、害の矯正が即座になされることはほとんどない。数十年、長ければ数百年にわたる時間的スパンにおいて議論されることが通常である。この時間的スパンの長さは、いま述べた主体の同一性をさらに複雑にする。主体が個人か集団かといった意味での幅を持つことを「横の主体性」の問題とするならば、そこに時間軸が入るとき、いわば「縦の主体性」というまた別の問題が生じる。加害行為を行った主体Bは、その数十年後に害の矯正がなされるときに「同じ」主体といえるのだろうか。

個人の場合であれば、あまりに遠い過去の行為については時間の経過自体が免責の考慮要素にもなりうる。私たちは「時効」という言葉を、法律用語とはまた別に日常的な道徳判断においても自然に用いている。この「時効」による免責がどういった根拠によっているのかは、それ自体難問であるが、時間の経過とともに人格の同一性が弱まっていく、つまり「縦の主体性」が弱まることが根拠の一つではあるだろう。そして当該個人が死んだ場合には、その縦の主体性は途絶することになる。むろん、個人についても死後の非難が有意味でありうる以上、生物としての主体と道徳的な責任主体の時間的範囲は厳密には一致しないが、個人の場合にはおおむね一致させて考える道徳的傾向が一般にあるのも事実だろう。しかし、国家や民族、企業といった集合的な主体が行った行為については、少なくとも単に時間が経過したからといって免責されることはない。また、個人が生物として死ぬのとは違って、集合的主体は「死」もまた明確でない。むしろ、そうした集合的主体が作られる(考えられる)のはまさに個人の生物的限界を超えるためでもあるのだから、「縦の主体性」について個人と集団をまったく同じように語ることもできない。これは被害主体についても同様のことがいえる。

本稿が対象とする世代を超えた矯正的正義においては、加害主体と被害主体の幅の組み合わせがきわめて多様でありうる。そして、その幅は害が生じる時点と矯正がなされる時点とで異なりうる。ここからたとえば、自分が生まれる前の過去の国家が行った集合的な加害行為について、現在のその国家に属する個人はなぜ・どのようにして責任を負うのか。負うとすれば、それは現在の誰に対して何をしなければならないのかといった、何重にもねじれた問いが考察対象になる。戦争責任をめぐる問いは、誰が誰に対して責任を負うのかを、少なくとも加害と矯正の二つの時点(問題によってはそれ以上)で考えなければならない。戦争責任論がしばしばどうしようもなく感情的に対立するのは、こうした主体性の解きほぐしがたさも一因になっている。本稿でも、歴史的不正義において加害・被害の双方の主体性がどのようなものであるかを考察するが、あくまで筆者の理論的関心の範囲にとどまっており、網羅的な検討を行っていないことは断っておかなければならない。

2　加害責任主体性

厳格な個人主義でどこまで責任を語れるか？

そうした責任を負っているのは誰なのか。まず、最も狭い考え方をとるならば、戦争や植民地支配において加害行為を行った当該個人のみ、という立場がありうる。しかし、戦争責任論において問題になるのは多くの場合、組織的な加害である。あるいは、組織的とはいえない加害であっても、暴発的であったりして直接の行為主体が明らかでなかったり、被害の程度が大きすぎて個人だけでは十分な矯正が難しい場合である。そうした場合について責任を負うのは当該個人のみ、というのではほとんど矯正がなされないのではないか、という懸念はもっともである。しかしその一方、直接の加害行為を行った個人が責任を負うべき、という主張に「応報的正義(retributive justice)」の強い道徳的アピールがあることも確かである。

戦争責任においても、加害行為を行った個人が特定できる場合、矯正時点での本人の負担能力に応じて責任を問うべき、という主張をあえて否定する必要はない。本人が亡くなった後においても個人的責任は継承されうるし(たとえば戦争によって生じた利益の相続人などに)、また、死後であっても道徳的批判の対象になる。[3] 我々は実際、歴史上の人物が犯した行為についてその道徳的善悪を語っている。後に触れるように、昨今、人種差別的な言動を行った歴史的な人物について、その銅像を破壊・撤去するといった運動が世界各地で行われているが、我々は過去世代が犯した加害行為について(十分かどうかはさておき)実際に個人的責任を追及しているのである。「過去を裁く」ことに対する反発が根強いことも確かだが、たとえば銅像の建立は当該人物を偉人として顕彰することである以上、道徳的評価について責任追及のみを忌避することは一貫しない態度だろう。

個人的責任からどのように拡大するか？

むろん、戦争や植民地支配における害の矯正にあたっては、個人的責任だけでなく、国家や企業など集合的主体の責任が問われる。加害行為を行った個人の特定はしばしば困難であるし、そうした具体的な罪の特定を行わなくても現在における責任の追及は可能である。[4] 罪の償いにはその実行者の特定がおそらく必要だが、責任は加害主体と別の主体にも割り振られる以上、加害主体の厳密な特定は必要とされない。後に検討するように、何らかの「つながり」といった緩い条件でもかまわないし、場合によっては当該責任をよく履行できる能力に応じて、加害とは無関係に割り当てることもできる(第一節3項)。

集合的責任論が要請される根拠としては、①加害行為そのものがまさに集合的主体によって組織的に行われる場合が多いこと(またそれゆえに被害も大きくなること)から、加害と被害の態様に着目するものがある。また、②莫大な被害に対しては個人的責任による矯正では足りないため、個人を超えた集合的主体が必要とされる、という矯正ベースの議論もありうる。

加害行為そのものが集合的主体によって行われるのはどういう場合か。近代の戦争や植民地支配は多くの場合、国家の名のもとに行われる。それは現実には当該国家の構成員による集合的決定によることもあれば、当該国民が排除された政治過程において独裁者が決定することもある。ここでは特定の国家（や企業などの集合的主体）の名のもとに行われる行為によって加害が生じうる、ということを確認しておく。

同一の集合的主体が責任を負う場合

先に、国家や企業は現実に生きる個人の時間的範囲を超えて存続することがその存在目的の一つであると述べた。まず、加害行為を行った国家や企業など集合的主体が、現在の矯正の時点まで同一であるとみなしうる場合を考えてみよう。日本やアメリカ合衆国といった現実の国家が通時的にどれだけ同一のものとみなしうるかは困難な問題である。たとえば先住民族への侵略と略奪、黒人に対する奴隷制度といったことから、第二次世界大戦における加害行為にいたるまで、少なくともその歴史的不正義による負の影響を現在において受け継いでいる人々がいるといえる時間的範囲について、国家の同一性があるとみなしうるだろうか。歴史的不正義に対する矯正が喫緊の課題になるのは、現在においていまだその負の影響を被っている人々がいる場合であるから、国家や企業の通時的同一性はその負の影響を歴史的にたどれる範囲において問題ごとに考えるのがおそらく有望なやり方であるだろう。数百年、ときには千年を超えるような壮大な歴史をもった国家の同一性を問う必要はない。数千年規模での、神話レベルでの加害が現在に負の影響をもたらしているような事態もありうるが、だとすればそれに応じた限りでの責任主体の同一性を考えればよい。

過去に歴史的不正義を犯した集合的主体が、現在において矯正の責任を負う場合から考えよう。どのような矯正を行うべきかは第二節で述べることとして、ここでは何らかの形での矯正を行う、とだけ考えることにする。不正義を犯した主体が現在においても持続して存在する場合、その主体が矯正の責任を負うべきであると考えるのは自然なことであるように思われる。

しかし現実には、国家や企業がそれ自体として、現在の構成員に何の影響も与えることなく矯正を行うということはありえない。国家や企業などの集合的主体は、人口の同一性は変わるとしても、現実に存在する具体的な人々によって構成されている。たとえば金銭賠償を行う場合、過去の害から得た財産を相続している人々が拠出するにせよ、全国民から徴収した税金を充てるにせよ、なぜその人々がそれを負担しなければならないのかという問題が生じる。加害主体と矯正主体が「同じ」国家や企業であるとしても、現実には「異なる」構成員が責任を負うことになる以上、それについては別の論拠が必要になるだろう。自分の属する国家や企業が過去に不正義を犯したことを認めるとしてもなお、その過去の時点では生まれていない、したがって自分が加害行為に加担するとか、集合的決定に関与するといったことはしていないにもかかわらず、なぜ「この自分」が「同じ」国家や企業のもとで責任を負わなければならないのかという問題である。加害主体と矯正主体が同一であるとしても、個々の構成員にとっては、それに属することによって生じる責任の根拠が問われるのである。

この問題は金銭的負担をともなうような矯正の場合だけにとどまらない。政治的指導者による謝罪など、象徴的な形での矯正もありうるが、それについて構成員は何の道徳的負担もないわけではない。自身が属し、またアイデンティティの拠り所とする集合的主体の過去の不正義が公的に認められることには、たとえ自分の犯した加害行為でなかろうと道徳的な「恥」の感覚が生じうる。矯正のやり方によっては、たとえ金銭的負担がなくとも道徳的負担が生じうるのである。むろん、それは裏を返せば当該共同体に属するものとしての「誇り」を守るために積極的に矯正を求めるという動きにもつながるため、矯正が構成員に与える象徴的効果は複雑であるが[5]、ここでは何らかの道徳的負担が生じうる以上、その根拠がまた別に問われることを確認しておく。

また別の問題も付け加えるならば、人が何らかの害について責任を感じるのは、自身が直接その加害を行ったか、少なくともそれを防ぐコントロール可能性があった場合だと考えるのも自然である。(6) 自身にまったくコントロールしようのなかった出来事について責任を問われることを、多くの人々は不合理に感じるだろう。共同体の集合的決定を「誰が」行うのかという決定に参加することが、個別の法政策の正統性(legitimacy)の根拠になると考える共和主義的な立場からは、そもそも存在していないことによってそこから排除されていた人々に対し、共同体は自身の行為について従うことを道徳的に主張しえないし、(7) またその結果について責任を負うことも求められないかもしれない。むしろ、コントロール可能性は責任追及にあたっての一要素であり、それがあったといえる行為については責任の強い根拠となるだろう。しかし、実際には自分にコントロール可能性のなかった行為についても責任が問われることは少なくない。たとえば、先進国は発展途上国を援助するという責任を負っていると考える者は多いだろうが、これは仮に先進国が発展途上国の貧困に直接、あるいは構造的にも関与していないとしても(実際には関与している場合も多いだろうが(8))、支援する能力があることをもって責任の根拠とする考えはそこまで不合理なものではない。哲学者のハンス・ヨナスが指摘するように、責任の根拠と負担能力は等根源的なものと見ることもできる。(9) そうした方向からの議論は、加害ではなく被害に応じて責任を追及するアプローチの部分で検討する。

個々の構成員が責任を負う根拠(1)　アイデンティティ

加害と矯正を行うのが同一の集合的主体であるとしても、個々の構成員にとっては矯正に関与するための別の根拠が問われることを確認した。なぜ、自分が生まれてもいない時代の加害行為について責任を問われうるのか。いくつかの考え方がありうる。まず、アイデンティティベースの方向を検討しよう。人々は自分の属する共同体に愛着やアイデンティティを感じ、そこから人生の意味を得ることもある。とりわけ国家や企業はその強力な供給源であるだろう。だとすると、通時的に持続する共同体からそうした利益を得ている以上、当該共同体が過去に犯した不正義についても責任を引き受けるべきではないか、という筋の主張である。

最も極端な考えとしては、たとえ数十年、数百年前の、自分が生物としては生まれていない時代のことであっても、共同体の構成員としては存在していた、というものがありうる。これはいかにも荒唐無稽な話のようにも思えるが、過去・現在・将来をつらぬく通時的共同体の実在を強く主張する立場からすれば[10]、肉体的な存在としての個人はたまたまその共同体の要素が現実化したに過ぎず、当該共同体には始まりから終わりまでずっといたのだ、と考えることもできる。こうした見方はファナティックに過ぎると思われようが、通時的共同体への大いなる一体化を自身のアイデンティティとする例は、歴史的にも、そして現在でもさほど珍しくないものとして見受けられる。むろん、こうしたアイデンティティのあり方が歴史的不正義の矯正に対して、消極的に向かうのか積極的に向かうのかは、先に示した恥と誇りの例に照らすならばどちらもありうる。

むろん、共同体とその構成要素についてそうした奇妙な存在論をとらないとしても、自身が存在する前から続いている共同体に愛着やアイデンティティを持っているならば、その利益にともなう責任として矯正を引き受けるべきだ、という主張は理解可能なものであるだろう。

個々の構成員が責任を負う根拠（2）　利益の相続

アイデンティティベースの責任論は、実際にそれを感じている人々にとっては一定の説得力のあるものだろう。たとえ現在のところそう感じていないとしても、当該アイデンティティを誇りにする人々の宣伝や説得によってそう感じるようになることもありうる。しかし、一切そんなことはない、という人に対する説得力は強くない。

それに対し、利益ベースでの責任論はさらに強い根拠を提供しうる。[11] すなわち、過去の戦争や植民地支配といった歴史的不正義によって過去の世代が利益を得ており、それを現在の世代が相続しているならば、それは不正な財産であって権原を主張しえない、というものだ。そうした財産は矯正のために拠出することが要請されうる。

これは一見したところ強力なアプローチである。加害行為によって得た利益を現在も受け継いでいるのであれば、それをしかるべき相手（が誰であるのかもまた問題であるが）に対して返還すべきだ、ということだからである。ここでの「返還（return）」という言葉には、当該財産が最初から正当に移転されていないという意味が込められている。「賠償（reparation）」は加害行為によって生じた害の埋め合わせを自身の資源でもって行うこととして一応の区別がなされうるが、[12] いずれにせよ、規範的にはきわめて強い要請であって、たとえ個人主義的道徳を強く信奉する者であっても、その枠組み自体には容易に反論できない。ただし、そこでいう「利益」とは具体的にどのようなものか（たとえば植民地支配にともなう負担や、インフラ構築などによって生じた付随的利益によって相殺されるようなものなのか）、また、そうした「利益」を現在において「相続」しているというのはどういったことを指すのか、そしてそれを返還すべき相手は現在において誰になるのか、といった具体的問題の解決はきわめて難しい。したがってこれは、事実問題においては多くの困難を抱えるものの、規範的には強力な種類の議論として整理することができる。

しかし、この〈不正な相続財産の返還〉アプローチからすれば、実際にそうした財産を得ていない人々に対して責任を求めることは難しくなる。もちろん、戦争や植民地支配を行った後、経済的繁栄を享受している国々においては誰もがそうした利益を受け取っているはずだ、と考えることもできるかもしれない。しかし、そうした反論は、現実の国家における構成員の多様性を鑑みれば困難に直面する。その経済的繁栄につながった歴史的不正義によって害を受けた人々、またその子孫たちも少なからず、後に当該国家の構成員となるからである。そうした人々が受けた害は、その国において享受される経済的利益によって相殺されるべきなのか。あるいは、矯正にあたっての資源の拠出を免除されるべきなのか。いずれにせよ実際にそれを反映した矯正スキームの構築はきわめて難しそうである。

そうした現実的な困難を措くとしても、〈歴史的不正義に由来する利益〉を相続していない構成員は必ず存在するだろうし、仮に経済的繁栄のもとでは誰もが利益を享受しているはずだという一般化した主張にするならば、今度は責任の程度問題をうまく扱えなくなってしまう。歴史的不正義論においては、より多くの加害を行った者、またより多くの不正な利益を得た者はそれだけ多くの責任を負うべきだという程度問題も適切に考慮しなければならないだろう。もしこうした見方が正しいとすれば、矯正の原資として税金を使うことの正当性にも疑問がつけられることになる。当該国家の構成員のほぼ全員が払う税金は、そうした責任の程度に感応的でないからである。現在において多く稼いでいる人はより多くの税を支払うことになるが、その稼ぎは歴史的不正義に由来する利益を相続したものを反映しているとは限らない（いや、反映しているはずだと主張するのであれば、よほど強い構造的加害を想定しなければならないが、そのハードルはあまりに高くなる）。このように、矯正の原資の問題は、加害責任からのアプローチにおいて悩みの種になる。実際には国家による矯正スキーム（とりわけ金銭賠償）の構築にあたってはほとんどの場合に税金が原資となるのだが、そうすると、被害とそれに応答・負担する能力からのアプローチのほうが、責任の程度により感応的であるといえるかもしれない。むろん、それは歴史的不正義とその矯正にとって考慮要素の一つにすぎないのではあるが。

加害主体が消滅する場合

国家や企業は構成員の小規模な変動によって同一性が左右されることはない。むしろ、現実の人間は突然の事故や病気によって亡くなることもある以上、そうした偶発事に左右されない安定的な主体を立ち上げることが国家や企業の存在意義の一つであることは間違いない。しかしそれも相対的であって、現実には人の一生よりも長く存続する企業はむしろ少数派であろうし、国家さえもどこかで消滅する可能性から免れているわけではない。ここまでの議論では過去の加害主体と現在の矯正主体が同一といえる場合を念頭に置いてきたが、そうでない場合も当然にある。加害を行った国家や企業が消滅した場合、その責任を受け継ぐ主体は誰になるのか[13]。また、侵略戦争や植民地支配の結果として相手国を併合する場合もあるが、そのとき国家レベルでは加害主体と被害主体が同一となり、したがって矯正の必要も消え失せるのだろうか。それはあまりに不当な事態であるように思われるが、そうすると、①加害主体と責任の結びつきを必要としない、②被害主体のほうは国家や企業のように消滅するようなものとして考えない、といった議論が有望になってくる。特に②については、矯正の責任を負いたくない加害主体の側に被害主体を「消滅」させようとするインセンティヴを与えないという点で、理論的にも実践的にも重要な前提であるように思われる。

3　被害主体性からのアプローチ

過去の加害行為から出発し、その加害主体性を現在において引き継ぐ責任主体は誰なのか、というアプローチは、これまで見てきたようにどれも一長一短を抱え込んでいる。実践的にはそれぞれのハイブリッドが採用されるので大きな問題は生じないとしても、理論的整合性は犠牲にならざるをえない。こうした事態が生じたのは、①過去の加害主体、②現在の責任主体、そして③その構成員、というように、関連する主体の数が増えたことによっている。歴史的不正義論は過去の加害を出発点としながらも、その向かう先は現在および将来に向けた正義の実現である。そうすると、過去から現在へと持続する加害主体性を考えることには、理論的な無駄がありそうだ。本項では視点を変え、問題ごとに切り分けられる被害主体性から考えることにより、それに対応した責任負担能力をもつ主体性について検討してみたい。

被害主体性の時間的スパン

歴史的不正義論の対象となる歴史的な加害にはきわめて多様なものがある。欧米列強諸国による世界各地の植民地支配における暴力とその負の遺産は、数百年を超えて現在の世界に暗い影を落としている。アメリカ合衆国における先住民の支配、奴隷制と黒人差別は、二〇〇年を超えてなお現在のアクチュアルな問題として残り続けている。第二次世界大戦時の大規模な戦争犯罪は、七〇年以上が経過した現在でもつねに責任が問い直されている。南アフリカ共和国のアパルトヘイト制度は廃止されてから二十数年が経ったが、その真実和解への道のりはいまだ半ばである。

こうした例は枚挙にいとまがないが、どれもそれぞれに異なった時間的スパンを持ち、また現在において害を被り続けている人々もさまざまである。その矯正のあり方も、金銭的賠償を最優先にしなければならない問題もあれば、文化的承認が優先される問題もありうる。そして、そのそれぞれの問題における被害主体性とその対応策に応じて、その責任を最もよく果たしうる能力を持った人々を矯正主体として責任を割り当てることもできる。こうした被害主体性ベースの主体性の切り分け方は、第一節2項で述べた各種の理論的問題を回避しつつ、現実的な矯正スキームを構築する上で有望ではないだろうか[14]。

二　矯正的正義の実現

戦争や植民地支配によって生じる害、つまり歴史的不正義を現在において矯正するためにはどのような方法があるだろうか。大きく分けると、①過去志向、②現在志向、③将来志向の各スキームが考えられる。①の例は賠償など、過去の害について、現在において金銭等の手段によってそれを埋め合わせることである。②の例は、過去の害について、国家の指導者などがその責任を公的に認めることである。そこには謝罪や承認などの象徴的な行為も含まれる。

③の例には、たとえば歴史的不正義の記憶を将来に語り継ぐための公文書の保存、戦争遺産や先住民の遺跡の保存、といったことがある。それぞれ、過去志向的、現在志向的、将来志向的な矯正というように時間的に性格づけたが、通常の矯正の実践とその効果においては混じり合っていることがほとんどである。

１　過去志向スキーム

歴史的不正義の矯正にあたって最もストレートなアプローチは賠償(reparation)であろう。実際に行われている多くの矯正スキームでも、賠償は中心的な手段となっている。賠償は多くの場合、金銭によるが、土地などによることもある。

評価の困難

しかし、賠償にあたっては、そもそもどれぐらいの損害が生じ、また現在においてそれがどれぐらい評価されるべきかという困難がつきまとう。もし、その賠償債務に「利息」がついたならば、長い歴史の後になってはもはや支払い不能な額になっているかもしれない[15]。また「歴史的」不正義は通常、特定の加害行為によって生じた害悪のみを指すのではなく、その害悪を起点とした歴史の歪み、そして現在において被害主体(の子孫)がいまだ被っている不利益もまた対象とする。そこではその加害がなかったならば実現していたであろう歴史に向けた反実仮想的な考察が求められるため、評価の難しさが際立つことになる。たとえば、戦争や植民地支配のせいで十分な教育が受けられなかったことは害悪であるだろうが、では、その後の混乱の時代をどうにか生き延びたことはその人にとって無意味なのかというと、決してそうではあるまい。反実仮想的な比較にはつねにこうした困難がある。

非同一性問題

さらに哲学的な難問をあげると、混乱の時代を生き延びた「その人」の人生が有意義であったとするならば、まさにその有意義な人生を生み出したのは加害行為そのものになってしまうのではないか。もしそうだとすると、有意義な人生を生み出した行為はもはや「加害」とはいえなくなり、したがって矯正の根拠にもなりえないのではないか。いかにも奇妙なことを述べているように思われるかもしれないが、これは哲学者のデレク・パーフィットが提出した「非同一性問題(non-identity problem)」である。[16]「その人」のその後の人生はまさに加害行為によって生じたのであり、それがなかったならばまた別の人生を歩むことになる。また、その加害行為がなかったならば「その人」は別の人々と出会い、別の家族をつくり、別の子孫を残すことになる。このとき、現在に生きる子孫が元々の加害行為の責任を加害行為の主体(またはその継承主体)に問うとき、その加害行為がなされるべきでなかったという道徳的非難は、自分自身が生まれるべきではなかったという自己否定的な主張になってしまうのではないか。こうした問題は、たとえば重い遺伝病に苦しむ人が医師や両親の出生前の判断を批判する(つまり自分を中絶しなかったことの過失を問う)「不法出生(wrongful birth)」訴訟において現実のものとなっている。[17]

むろん、こうした奇妙な結論が出てしまうのであれば、問題の立て方にどこかおかしいところがあったのではないかということになる。この非同一性問題については、遺伝的同一性に基づいた狭い同一性の捉え方によって不必要に困難な問題が生じてしまっている、ということを一応は指摘できるし、近年の世代間正義論(とりわけ共同体論的な発想をとる論者)は集合的アイデンティティを緩める方向で問題の回避を図る傾向にある。[18]現実の我々は先の例の「その人」の人生について、加害行為がなかったならば別人になっていたであろう、とは考えない。また、その子孫たちが歴史的不正義を非難することを自己否定的であるとも考えない。人々の同一性はもっと緩やかに伸び縮みするように捉えられるし、そのアドホックさが問題になることは理論的にも実践的にも多くはないだろう。むしろ、第一節2項の議論からすれば、歴史的不正義の被害に応じてそれぞれに異なった被害主体と加害主体を想定することが有望であるとさえ思われる。

歴史的経路の複雑さ

しかし、非同一性問題からうかがわれる歴史的経路の複雑さは、重要な問題を提起している。元々の歴史的不正義による被害は、歴史を経て現在に至ってそのまま継承されているわけではない。そこには無数の複雑な歴史的経路があり、損害に対する賠償を強調しすぎるとそれを見失わせるおそれがある。哲学者のジェレミー・ウォルドロンはそうした論点について、特に財産権の内容の状況依存性を強調している[19]。数百年にわたるような過去の権利をそのままに尊重することは現代ではコストが大きく、それは①財の分配、②権利の対象物とのつながり、③集団的アイデンティティ、そして④国家主権のあり方に影響を与えることにもなりかねない[20]。たとえば、数百年前に収奪した土地を、現在においてそのまま返還することが十分な矯正となりうるだろうか。こうした議論によれば、過去志向的な賠償スキームには一定の限界があり、むしろ現在あるいは将来志向的な是正のスキームが有望視されることになる[21]。

2　現在志向スキーム

歴史的不正義論の対象は、過去になされた膨大な不正義のすべてではない[22]。現在(そして将来)においていまだ害を及ぼし続けている不正義が対象である。したがって、始点となるのは過去の不正義であっても、現在における不正義の解消がつねに視野に入っている。そのため、歴史的不正義論と分配的正義論(特にグローバルな文脈におけるそれ)は正義論の縦糸と横糸として不可分な関係にある[23]。

過去の歴史的不正義に対する賠償は、現在において害悪を被り続け、不利な状況にある人々の境遇改善にもつながる。その意味で、道徳的根拠はまったく異なるが、現在における再分配としての機能を果たすことにもつながる。

また、現在における歴史的不正義への対応は、金銭を主たる手段とする再分配の他にも、さまざまな形をとる。具体的には、政治的指導者が過去の過ちを認めて公式に謝罪することや、いまだ害を被り続けている人々の集団的アイデンティティの承認（文化遺産の保全など）というように、象徴的な次元での実践も重要な意味を持つ。ほか、大学入試や公務員採用におけるいわゆるアファマティヴ・アクション（積極的差別是正措置）で特定の属性が優先されることについて、①過去に対する賠償的意味を持ちつつ、②将来に向けた多様性の確保という二面的性格が指摘されることもある。[24]

3　将来志向スキーム

世代間正義については大きく分けて、第一節2項で検討したように、アイデンティティベースで議論を広げる共同体論系の論者と、利益ベースで議論を限定するリバタリアニズム系の論者に分けられる。中間に位置するリベラルな論者は、両者の間でジレンマに陥っているようにも見える。[25]過去志向的アプローチへの偏重を戒め、将来志向的アプローチの有効性を強い言葉で語るウォルドロンにしても、将来に向けた明確なヴィジョンはそれほど語られることがない。過去を償い、それを将来へとつなげる規範的な道筋をどう語りうるか、ということはリベラル派にとっての課題だろう。

共同体論系の論者は、そうした規範的ナラティヴを語ることに遠慮がない。哲学者のジャナ・トンプソンは、過去・現在・将来の「世代連続体（intergenerational continuum）」といった概念によって、過去世代から現在世代への歴史的つながりを将来世代へと延長させて世代間正義を論じている。[26]トンプソンにおいて、人々が過去に対しても将来に対しても自身の生を超えた利害関心を持つことは人間本性上の事実と捉えられている。もっとも、必ずしも共同体論的でない論者によっても、「死後の生」が語り継がれるという期待が将来世代への配慮責務の根拠となると論じられ[27]、リバタリアンの論者がそれに好意的な反応を示すなど[28]、議論状況は多様化している。こうした見方からすれば、過去世代の選好（たとえば世界の繁栄）を現在において実現することこそ歴史的不正義への対応だという主張もありうる[29]。

記憶の政治

人間本性に関する強い前提を置かなくとも、過去世代＝死者との対話の延長に将来への規範的ヴィジョンがありうるとする論者も増えている[30]。哲学者のアンリ・ルソーはフランスの歴史修正主義と対決し、たとえばヴィシー政権期やアルジェリア戦争の記憶そのものを否認しようとする動きに対し、過去の忌まわしい記憶のグローバルな共有こそが将来を有意味に語る資源になりうると論じる[31]。こうした見方は、過去の記憶を可能な限り保存し、将来に向けた対話の資源とする「アーカイヴの思想」につながる。しかし現在、世界中で起こっている記憶をめぐる運動は、より複雑な様子を呈しているようにも思われる。たとえば世界各地でかつて人種差別的な政策を推し進めた政治家の銅像が次々に撤去・破壊されているが、これは単なる歴史の否認ではなく、現在進行形で人々に害をもたらし続けている歴史的不正義を、この時点で断ち切ろうとする行為ではないだろうか。そうすると、過去の記憶はただ継承するだけでなく、ときに断絶させることが責任ある振る舞いになりうる、という視点もまた重要であろう。歴史的不正義論は将来に向けて、現在の我々に困難な「記憶の政治」を突きつけている[32]。

むすび

本稿では、戦争や植民地支配における加害を念頭に、「歴史的不正義」を語るための理論枠組みについて、特に加害／被害主体性のあり方と、矯正スキームのあり方について、いくつかの組み合わせを検討した。いまだ残された論点は多いと思われるが、少なくともこの問題領域が、個人と集団、過去と現在と将来、承認と（再）分配、忘却と継承……といった、多様な議論の軸が重なり合ったところにあることを示せたならば、本稿の一応の目的は達成できたものと考えている。

戦争や植民地支配の責任をめぐる論争が終わることはないし、近年の #MeToo 運動やＢＬＭ（Black Lives Matter）運動のように、歴史的にずっと続いてきた不正義の現在における意味は改めて厳しく問い直されている。こうした大きな動きはおそらく、グローバルな多文化状況下の国民国家における統合のあり方（アメリカ的な差異尊重型、フランス的な同化型など）あるいはそれを超えるヴィジョンの問い直しにつながるだろう。そうした議論は、過去と将来への責任を適切に意味づける世代間正義論と、現在の不正義の解消を目指す分配的正義論という、縦横の正義論の布置のもとで有意義になされうるだろう。

（1）Robert Nozick, *Anarchy, State, and Utopia*, Basic Books, 1974, pp. 149-155（嶋津格訳『アナーキー・国家・ユートピア――国家の正当性とその限界』木鐸社、一九九五年）。
（2）石井千湖「名著のツボ（112）ロバート・ノージック『アナーキー・国家・ユートピア』」（井上彰へのインタビュー記事）『週刊文春』二〇二一年七月一日号。
（3）吉良貴之「死者と将来世代の存在論」仲正昌樹編『「法」における「主体」の問題』御茶の水書房、二〇一三年。
（4）Duncan Ivison, "Historical Injustice," in *The Oxford Handbook of Political Theory*, eds., John S. Dryzek, Bonnie Honig, and Anne Phillips, Oxford University Press, 2006, p. 511.
（5）Eric A. Posner and Adrian Vermeule, "Reparations for Slavery and Other Historical Injustices," 103 *Columbia Law Review* 689, 2003, p. 710.
（6）Michael Zhao, "Guilt Without Perceived Wrongdoing," *Philosophy and Public Affairs*, Vol. 48, Issue 3, 2020.
（7）Arthur Isak Applbaum, *Legitimacy: The Right to Rule in a Wanton World*, Harvard University Press, 2021.

（8）Thomas Pogge, *World Poverty and Human Rights*, 2nd ed., Polity, 2008（立岩真也監訳『なぜ遠くの貧しい人への義務があるのか――世界的貧困と人権』生活書院、二〇一〇年）。

（9）Hans Jonas, *Das Prinzip Verantwortung: Versuch einer Ethik für die technologische Zivilisation*, Frankfurt am Main/Insel-Verlag, 1979（加藤尚武監訳『責任という原理――科学技術文明のための倫理学の試み（新装版）』東信堂、二〇一〇年）。

（10）Jed Rubenfeld, *Freedom and Time: A Theory of Constitutional Self-Government*, Yale University Press, 2001.

（11）古典的な議論として、Judith Jarvis Thomson, "Preferential Hiring," *Philosophy and Public Affairs*, Vol. 2, Issue 4, 1973.

（12）前掲注（5）Posner & Vermeule 2003.

（13）前掲注（5）Posner & Vermeule 2003, p. 738.

（14）吉良貴之「将来を適切に切り分けること」『現代思想』二〇一九年九月号。

（15）Tyler Cowen, "Discounting and Restitution," *Philosophy and Public Affairs*, Vol. 26, Issue 2, 2006.

（16）Derek Parfit, *Reasons and Persons*, Oxford University Press, 1984, chap. 16（森村進訳『理由と人格――非人格性の倫理へ』勁草書房、一九九八年）。

（17）Sheila Jasanoff, *Science at the Bar: Law, Science, and Technology in America*, Harvard University Press, 1995（渡辺千原・吉良貴之監訳『法廷に立つ科学――「法と科学」入門』勁草書房、二〇一五年）。

（18）Janna Thompson, *Intergenerational Justice*, Routledge, 2009; Richard P. Hiskes, *The Human Rights to Green Future*, Cambridge University Press, 2009; Joerg Chet Tremmel, *A Theory of Intergenerational Justice*, Earthscan, 2009 など。

（19）Jeremy Waldron, "Superseding Historic Injustice," *Ethics*, Vol. 103, No. 1, 1992 など。

（20）Lukas Meyer, "Intergenerational Justice," *Stanford Encyclopedia of Philosophy*, 2021, sec. 5. 3, available at: https://plato.stanford.edu/entries/justice-intergenerational

（21）前掲注（19）Waldron 1992, p. 27.

（22）Avishai Margalit, *The Ethics of Memory*, Harvard University Press, 2002, pp. 94-104.

（23）世代間正義論一般について同様に参照、吉良貴之「世代間正義論――将来世代配慮責務の根拠と範囲」『国家学会雑誌』一一九巻五・六号、二〇〇六年。

（24）前掲注（5）Posner & Vermeule 2003, p. 712.

（25）Avner de-Shalit, *Why Posterity Matters*, Routledge, 1995 など。

（26）Janna Thompson, *Taking Responsibility for the Past: Reparation and Historical Injustice*, Polity, 2002; Janna Thompson, *Intergenerational Justice*, Routledge, 2009.

(27) Samuel Scheffler, *Why Worry About Future Generations?*, Oxford University Press, 2018.
(28) 森村進『自由と正義と幸福と』信山社、二〇二一年、八章。
(29) Michael Ridge, "Giving the Dead their Due," *Ethics*, Vol. 114, No. 1, 2003.
(30) W. James Booth, *Memory, Historic Injustice, and Responsibility*, Routledge, 2020 など。
(31) Henry Rousso, *Face au Passé: Essai sur la Mémoire Contemporaine*, Belin/Humensis, 2016（剣持久木・末次圭介・南祐三訳『過去と向き合う――現代の記憶についての試論』吉田書店、二〇二〇年）。
(32) 一般に参照、テッサ・モーリス－スズキ／田代泰子訳『過去は死なない――メディア・記憶・歴史』岩波書店、二〇〇四年。

コラム❶ 現代における軍事と科学

高橋博子

現在、軍事と科学との関係は非常に深刻な状況にある。防衛省が二〇一五年に創設した「安全保障技術研究推進制度」により、大学などの学術研究機関が軍事的安全保障研究に組み込まれる可能性が高まった。それに対して、日本学術会議は従来の「戦争を目的とする」「軍事目的のための」研究は行わないとする声明を継承する「軍事的安全保障研究に関する声明」を二〇一七年三月に出した。ところが、二〇二〇年、菅首相は日本学術会議の新会員の任命拒否を行った。「学問の自由と学術の健全な発展」を唱える日本学術会議に対して、日本政府はそれを阻害する行動をとったと言える。本コラムでは、このような危機的状況にある、現代における軍事と科学の問題について、原爆開発計画と日本学術会議を事例に歴史的視野から検証したい。

マンハッタン計画における機密研究

核の時代とは、核兵器の爆風・熱射による殺傷力の恐怖に人間が曝される時代であり、また核兵器や原子力の民生利用によって、人々がさまざまな形で放射線に曝される時代である。このような時代において、核の人間への影響についての研究はどのような観点からどのように実施されていたのであろうか。

核の時代の始まりを象徴する言葉として、アメリカ・イギリス・カナダが実施していたマンハッタン計画がある。マンハッタン計画というと、原爆開発とほぼ同じ意味に使用されがちである。しかしながら、同計画下では、一九四三年から放射性物質毒性委員会が設置され、放射線兵器の開発などが検証されて、放射線の人体への影響に関する研究が人体実験を伴う形で実施された。また広島・長崎への原爆投下後、「原爆の効果によって生じた死傷者の研究――日本で使用された二つの原爆の効果についての研究――はわが国にとってきわめて重要である。このユニークな機会は次の世界大戦までふたたび得ることはできないであろう」(アシュレー・オーターソン大佐)という理由で、マンハッタン計画を管轄するマンハッタン工兵管区の科学者を始めとする米軍によって早速実施され、その研究は米科学アカデミーが管轄する形で、ＡＢＣＣ(Atomic Bomb Casualty Commission 原爆傷害調査委員会)によって引き継がれた。

このように秘密裏に開始された研究そのものは、ナチスや日本軍による人体実験とも共通する、被験者の人権よりも戦争や国家安全保障を優先させる研究といえよう。ナチスによる人体実験への反省から、世界医師会は一九六四年にヘルシンキ宣言「人間を対象とする医学研究の倫理的原則」を採択した。そこでは、「4 医学研究の対象とされる人々を含め、患者の健康、福利、権利を向上させ守ることは医師の責務である。医師の知識と良心はこの責務達成のために捧げられる」、「7 医学研究はすべての被験者に対する配慮を推進かつ保証し、その健康と権利を擁護するための倫理基準に従わなければならない」、「8 医学研究の主な目的は新しい知識を得ることであるが、この目標は個々の被験者の権利および利益に優先することがあってはならない」と述べられている(ヘルシンキ宣言「一般原則」から。日本医師会訳)。

広島・長崎の被爆者を始めとする核被災者に対する研究については、同宣言の「患者の健康、福利、権利を向上させ守る」という点でも大変問題がある。また軍事研究として実施されたために機密扱いにされ、人類として共有すべき医学的知見としては扱われてこなかった。その中で、広島・長崎における放射性降下物・残留放射線・内部被曝の影響は過小評価されてきたのである。

日本学術会議における軍事と科学

日本学術会議は一九四九年一月二二日の日本学術会議第一回総会にて次のように表明している。「われわれは、これまでわが国の科学者がとりきたつた態度について強く反省し、今後は、科学が文化国家ないし平和国家の基礎であるという確信の下に、わが国の平和的復興と人類の福祉増進のために貢献せんことを誓うものである」。戦前の日本の科学者の戦争への関与に対する深い反省の上に、「平和」という言葉を重んじて日本学術会議は発足した。また「人類の福祉増進のために貢献」することを誓ったのである。さらに「されば、われわれは、日本国憲法の保障する思想と良心の自由、学問の自由及び言論の自由を確保するとともに、科学者の総意の下に、人類の平和のためあまねく世界の学界と提携して学術の進歩に寄与するよう万全の努力を傾注すべきことを期する」と謳われているように、「人類の平和」のために世界の学界と連携することを目指したのである(http://www.scj.go.jp/ja/info/kohyo/01/01-01-s.pdf)。

その「平和」の概念が国家権力によって塗り替えられようとしている。二〇一四年七月一日に出された「国の存立を全うし、国民を守るための切れ目のない安全保障法制の整備について」の閣議決定文では、集団的自衛権は「憲法上許容されると考えるべきであると判断するに至った」とし、「特に、我が国の安全及びアジア太平洋地域の平和と安定のために、日米安全保障体制の実効性を一層高め、日米同盟の抑止力を向上させることにより、武力紛争を未然に回避し、我が国に脅威が及ぶことを防止することが必要不可欠である。その上で、いかなる事態においても国民の命と平和な暮らしを断固として守り抜くとともに、国際協調主義に基づく「積極的平和主義」の下、国際社会の平和と安定にこれまで以上に積極的に貢献するためには、切れ目のない対応を可能とする国内法制を整備しなければならない」と、日米同盟を主とする「積極的平和主義」が強調された。

そして、二つの法案(安全保障関連法案)が二〇一五年七月一五日に国会に提出され、九月一九日に可決成立した。

政府による集団的自衛権についての閣議や、それを踏まえての安全保障関連法案で述べられている「国際平和」とは、米国との同盟関係を意味しており、「人類」の視点ではない。したがって、日本学術会議が目指してきた「人類の平和」とは著しくかけ離れており、思想・信条の自由、学問の自由よりも「国家安全保障」や「日米同盟」を最優先させる発想である。

安全保障関連法成立とともに、二〇一五年一〇月一日に防衛装備庁が発足し、「安全保障技術研究推進制度」を開始した。「本制度の概要」として、「我が国を取り巻く安全保障環境が一層厳しさを増す中、安全保障に関わる技術の優位性を維持・向上していくことは、将来にわたって、国民の命と平和な暮らしを守るために不可欠です」と説明している。そして「防衛にも応用可能な先進的な民生技術(いわゆるデュアル・ユース技術)を積極的に活用することが重要であると考えています」と述べ、安全保障技術研究推進制度は、「こうした状況を踏まえ、防衛分野での将来における研究開発に資することを期待し、先進的な民生技術についての基礎研究を公募するものです」としている。科学研究の視座として「人類の福祉」とはかけ離れた発想の、「我が国」のための研究の公募が出されたのである。日本学術会議がこのような公募に賛同できないのは、「人類の平和のためあまねく世界の学界と提携して学術の進歩に寄与する」ことを目指した設立趣旨に反する以上、当然である。

ところが、二〇二〇年、日本政府は日本学術会議が推薦した新会員六名を任命拒否した。これは学業、研究業績に基づいての判断などではなく、これまでの言動に対する思想調査からの判断だと考えられる。政府の政策を後押しする研究・言説は高く評価し、批判的に検証する研究・言説は学術会議にはふさわしくないとする判断である。これは、学問の自由や、思想・信条・良心の自由そのものを軍学共同の下におくための行動である。もはや人類の福祉、ではなく日本の「国家安全保障」を優先させ、米国という特定の国との「集団的安全保障」のための学問体系を構築する策謀である。また政府の推進する「日本学術会議の見直し」は、設立時の精神そのものの「見直し」に他ならず、その解体のみならず「日本国憲法の保障する思想と良心の自由、学問の自由及び言論の自由」そのものの解体を目指したものではないか。厳しさを増しているのは「我が国を取り巻く安全保障環境」よりも「我が国」の学問、そして平和研究なのである。だからこそ、「人類の平和」を守り、思想と良心の自由、学問の自由および言論の自由を守るための活動が、今まさに正念場にきている。

コラム❷ 志願制時代の「経済的徴兵」

布施祐仁

志願制の不平等性を問う声

イラク戦争開戦直前の二〇〇三年一月、米国連邦議会に徴兵制を復活させる法案が提出された。法案は、一八歳から二六歳までの米国国民と永住権を持つ者から選抜して徴兵し、二年間の軍務に就かせるものだった。法案提出の中心となった民主党のチャールズ・ランゲル下院議員は、ニューヨーク・ハーレム地区出身のアフリカ系米国人で、自身も陸軍兵として朝鮮戦争に派遣された経験を持つ。同議員は、徴兵制復活を求める理由を次のように語った。

「イラク戦争は、貧しい人々やマイノリティに対する「死の課税」である。これまでの戦争でも、戦死者は黒人とヒスパニック系の比率が高く、彼らの多くは経済的困難から抜け出すために軍に入隊している」

ランゲル議員は、連邦議会議員や政府の高級官僚、大企業のCEOなどの子弟たちも等しく軍務に就くようになれば、彼らは戦争に対してより慎重になるはずだと主張した。

法案は否決されたが、ランゲル議員はその後も同様の法案を数回にわたり提出し、問題提起を続けた。

志願の動機一位は「大学進学」

実際、ランゲル議員が語ったように経済的困難から軍に入隊する若者は多い。米国防総省が二〇一七年に一六歳から二一歳の若者を対象に実施した意識調査では、軍に志願する場合の理由のトップは「将来の教育のため」(四九%)であった。

筆者は、若者を軍に勧誘するリクルーターの経験がある元海兵隊員に取材したことがあるが、彼は「貧しい若者を軍に勧誘するのは簡単。貧困から抜け出すには、それしか選択肢が見つからないからだ」と話していた。彼自身も、家が母子家庭で貧しく、大学に進学するために海兵隊に志願していた。

米軍には、一定期間軍務に就いた者を対象に、退役後に大学の学費などを支給する奨学金制度(GIビル)がある。これが、貧しい若者にとって、軍に入る最大の「魅力」になっているのである。

「貧困」とは、経済的に困窮し、選択の自由が欠如した状態のことを指す。米軍は、この選択の自由が欠如した状態をいわば逆手にとって、奨学金などの経済的メリットを語って貧しい若者を勧誘している。このような新兵募集の現状を表す言葉として生まれたのが、「経済的徴兵」(「貧困徴兵」とも呼ばれている)である。

貧しい若者をターゲットに

米軍のリクルーターたちは、入隊させやすい若者を見つけるため、貧困層の若者が多く通う高校にターゲットを絞る。

軍にとって新兵を集める有力な手段になっているのが、「JROTC：Junior Reserve Officers' Training Corps」という制度である。現役または退役軍人が教官となり、高校生に軍事教練を施すプログラムだ。

軍が支援して生徒の自立心や規律性、リーダーシップ、チームワーク、コミュニケーション能力、奉仕の心などを養う「教育プログラム」とされ、教官による軍への勧誘は禁止されているが、受講生の卒業後の軍への入隊率は高い。

米国の有力シンクタンク「ランド研究所」が、二〇一七年にJROTCに関する調査報告書を発表している[1]。これを読むと、軍が貧困層の多い学校を新兵募集のターゲットにしていることがわかる。

報告書によれば、JROTCを導入している高校と導入していない高校を比較した場合、前者は昼食の無料・減額の対象となる貧困世帯の生徒の割合が後者よりも約一〇%高くなっている。また、JROTCを導入している高校では黒人が生徒の約二九%を占める一方、導入していない高校では約一二%とかなりの違いが表れている。

イギリスでも

「経済的徴兵」は、何も米国だけの話ではない。英国を拠点に活動するNGO「子どもの権利国際ネットワーク」は二〇一九年、「貧困による徴兵――英国における困窮と軍の募集」と題する報告書を発表した[2]。

一六歳から軍に入隊できる英国では、毎年二五〇〇人近い未成年(一六、一七歳)が入隊している。同NGOの調査によれば、二〇一三年から二〇一八年までの五年間で、最も所得が低い層からの未成年の入隊率は最も所得が高い層より五七%高かったという。地域的にも、平均所得の低いイングランド北部の地域では入隊率が高く、逆にロンドンを含む南東部では最も低かった。

日本ではどうか

では、日本ではどうなっているだろうか。

自衛隊入隊者の世帯所得に関するデータは公表されていないので、都道府県ごとの入隊率と平均所得との関連性を調べてみた(データは二〇〇七年度)[3]。その結果は、次のとおりであった。

・高校新卒の任期制自衛官の入隊率上位一五位は、①青森、②北海道、③宮崎、④熊本、⑤鹿児島、⑥長崎、⑦大分、⑧佐賀、⑨岩手、⑩秋田、⑪山形、⑫沖縄、⑬高知、⑭鳥取、⑮福岡――であった。
・このうち一三道県が、平均所得の下位一五位に入っていた。
・この一五道県の高校新卒者は全国の約二七％であったが、入隊者数では全国の約五二％を占めていた。

これらの数字から、日本においても、入隊者が平均所得の低い地域に偏っていると言うことができる。

こうした特徴は昔から変わっていないようだ。筆者が入手した防衛庁(当時)が一九六九年に作成した自衛官募集に関する内部文書にも、「自衛官の出身地分布とその出身地の貧富が密接な関係にある」という記述がある。[4]

強まる「経済的徴兵」の傾向

筆者がこれまで取材してきた自衛官の多くも、経済的な理由から志願していた。

高校卒業後に入隊した母子家庭出身のある女性は、「今どき大学に行っても親に負担をかけるだけで安定した仕事に就ける保証はない。国家公務員で安定していて衣食住もタダ、資格もとれる自衛隊に行った方が親孝行だと思った」と志願の理由を話していた。

大卒者でも約二割が非正規雇用の時代である。利子付きの奨学金を借りて大学に進学するのはリスクだと考える若者が増えている。そのリスクを回避するために、自衛隊に入って学資を貯めてから大学に進学した人もいたし、奨学金の返済を理由に、希望していた仕事を断念し「安定」を求めて自衛隊に入隊した人もいた。

先進諸国では少子化が進み、どこの国も新兵の確保に苦慮している。選択の自由を持たない貧しい若者をターゲットに、経済的メリットを強調して勧誘する「経済的徴兵」の傾向は今後ますます強まっていくだろう。日本でも、任期制自衛官の確保策の一つとして、任期満了後に大学進学する者に年額二四万円の奨学金(進学支援給付金)を支給する制度が二〇二一年度から試行的に始まった。まさに、「日本版GIビル」である。

「経済的徴兵」が問題となるのは、戦争による「死のリスク」と関連付けられた場合である。アフガニスタン駐留米軍の司令官を務めたスタンリー・マクリスタル元陸軍大将は、志願制の下で行われたイラク戦争とアフガニスタン戦争ではリスクが国民全体で適切に分担されていないと指摘し、「米国がふたたび長期の戦争をする場合には徴兵制度を復活させるべきである」と主張した。

しかし、かつての「徴兵制」もまた、その不平等性がゆえに批判の対象となっていたことを忘れてはならない。米国政府はベトナム戦争中、大学生に徴兵延期、大学院生や研究者などに徴兵猶予を認めた。その結果、経済的な理由から大学進学が困難な労働者階級や黒人の方が徴兵されやすい状況が生まれた。実際に当時、黒人は人口の一割程度であったのに対し、ベトナムでの戦死者の二割超を占めていたという統計もある。

こうして見てみると、戦争とは常に、「命の格差」を前提にしたものだと言えるのではないだろうか。

(1) https://www.rand.org/pubs/research_reports/RR1712.html
(2) https://home.crin.org/evidence/research/british-army-recruitment-and-deprivation-report
(3) 布施祐仁『経済的徴兵制』集英社新書、二〇一五年。
(4) 防衛庁人事教育局第2課『隊員補充の現況と問題点』一九六九年。

第Ⅱ部

冷戦から「新しい戦争」へ

第6章

「国家に抗する戦争」と「新しい戦争」
——文化人類学からのアプローチ

佐川 徹

はじめに——文化人類学の戦争研究

本章に与えられた課題は、文化人類学の研究蓄積に依拠して、私たちが自明としている「戦争と社会」の関係を相対化する視点を提供することである。今日の日本社会で戦争に関する議論がなされるとき、まず言及されるのは太平洋戦争や日中戦争、つまり近代国家間の戦いである。私たちの戦争観は、今日でも「先の大戦」をめぐる経験と記憶につよい影響を受けながら形成されている。「戦争と社会」と題された本シリーズが扱う内容も、その多くは「【国家間】戦争と【近現代の日本】社会」との関係である。

だが第二次世界大戦以降、国家間で発生した戦争の数は少ない。この時期の支配的な戦いの形態は一貫して内戦、つまり国内で政府とそれに対抗する非国家アクターが交わす暴力だった。内戦の頻発は、一六四八年に結ばれたウェストファリア条約以降の「対人紛争のパターンにおけるもっとも顕著な変化(1)」だとされるが、米ソの対立が続き核戦争の恐怖に人びとが苛まれていた冷戦期、少なくとも欧米世界では、「第三世界」での「ローカルな」戦いには一部の例外を除いて注目が集まらなかった。一九九〇年前後に冷戦が終結すると、凄惨な暴力をともなう内戦が旧ユーゴスラビアやルワンダで発生し、「新しい戦争」と呼ばれた。二一世紀に入り欧米の大都市を標的とした自爆攻撃が続発すると、「テロとの戦争」の必要性が叫ばれ、世界は「グローバルな内戦」に陥ったとの指摘もなされた。土地への権利をめぐる農耕民と牧畜民の衝突など、より小規模な紛争に関する情報もＮＧＯらの活動により広く知られるようになった。過去約三〇年の間に、国家間戦争以外の集合的暴力への関心が飛躍的に高まってきたのである。

国際法において戦争は主権国家間の武力衝突と定義されてきたが、この定義と現代世界で頻繁に発生している集合的暴力との間には大きなずれが存在している。国家間戦争を標準とする従来の戦争観に依拠した分析枠組みからは、今日の暴力現象の発生や展開には理解が困難な側面が残るし、その暴力に参与する個人はときに「狂信的な」存在として描かれることになる。それに対して文化人類学は、さまざまな時代や地域の集合的暴力を比較分析するために、戦争を「異なる政治体間で交わされる武力を用いた闘争[2]」と広く定義し、おもに「国家のない社会」で発生する戦いの原因や機能を探究してきた。近年になると、文化人類学者は内戦やテロリズムの舞台となった社会やそこに参与した人びとを対象とした民族誌的研究にも着手した。

本章では、その文化人類学の研究蓄積の一端を紹介することで、「【国家間】戦争と【近現代の日本】社会」の関係とは異なる「戦争と社会」の関係のあり方を示してみたい。具体的には第二節で、「国家のない社会」において「遠心力の論理」のもとに駆動された戦争が、国家形成を妨げる作用を有していたと論じたピエール・クラストルの「国家に抗する戦争論」をまとめる。続く第三節では、「国家のない社会」における戦争と近年の内戦やテロリズムにおける暴力現象との共通点や差異を、アルジュン・アパドゥライが提示したいくつかの概念に依拠して検討しよう。

戦争に関する現象のみを焦点化した本章の内容は、人間存在と人間社会を総合的に理解するうえでバランスを欠いている。平和に関する記述がほぼなされていないからである。そこで本題に入るまえに、次節では文化人類学の戦争研究で主題化されてきたもう一つのテーマである戦争の起源をめぐる議論を整理しておきたい。近年の議論の展開は、戦争について考察する際には人間本性をめぐる過度の悲観論と楽観論を排する必要があることを、そして「戦争と社会」の関係の解明と「平和と社会」の関係の解明とは表裏一体であることを、教えてくれるからである。

一 人間社会における戦争の起源

1 二つの立場の対立

人間社会における戦争の起源をめぐる研究は、霊長類学や古人類学、考古学、文化人類学などの知見を用いて学際的に進められてきたが、今日まで二つの立場の間で論争が繰りかえされてきた。主要な論点は、戦争は約一万二〇〇〇年前の農耕の開始にともない始まったのか、それとも狩猟採集社会にも存在していたのかという点である[3]。この対立は、戦争とは人類史の時間軸からすればごく近年に「発明」[4]された文化なのか、あるいは人類の社会行動の進化に大きな選択圧を有してきた人間社会に遍在する現象なのか、という問いに関連づけて論じられてきた。二つの立場は、それぞれの主張に含意される平和的な人間観と好戦的な人間観のちがいから、ルソー派とホッブズ派や、ハト派とタカ派と呼ばれる[5]。また、戦争開始の時期を現代から近く見積もる前者を「短期派」、遠く見積もる後者を「長期派」と分類する論者もいる[6]。約一五〇年にわたる人類学の戦争研究を整理した一九九九年の論考では、両者の対立が一九九〇年代以降に激化したと指摘されている[7]。

最近の論争に簡単に触れておこう。「長期派」の議論に依拠して書かれ、多くの読者を獲得したのが認知科学者ピンカーによる二〇一一年出版の著作『暴力の人類史』である[8]。この著作は、人間が他者への競争意識や不信感、自尊心に駆動されて暴力を行使する存在だという前提に立ち、襲撃や戦闘への恐れが常態化した「未開社会」から次第に暴力の管理に成功してきた歴史として人類史を描く。暴力が管理される過程には六つの契機があり、その最初期のものが紀元前五〇〇〇年ごろから起きた国家形成にともなう「平和化のプロセス」である。具体的には、狩猟採集社会に比べて国家社会では、暴力が原因で人が死亡する確率は五分の一程度に下がったと見積もることができる。もっとも、この著作に対しては、「未開社会」の暴力性の論拠となる考古学や民族誌からの資料選択が恣意的であるという批判や、暴力による死者数が減少したという統計分析の手続きに問題があるとの批判がなされている。[9] [10]

「短期派」の代表的論者である人類学者のフライは、「長期派」の議論は西洋思想に根付いた好戦的人間像を前提にしていると指摘する。[11]そして、人類史の大部分を占める「遊動的な採取バンド社会」（ＭＦＢＳ）[12]において、戦争はわずかしか存在しなかったと主張する。ＭＦＢＳとは、非定住的な生活を営み富の蓄積や階層が最小限しか存在しない狩猟採集社会を指す。フライらは、信頼のおける民族誌資料が存在する二一のＭＦＢＳに対象を絞り、致死的な暴力が行使され、加害者と犠牲者の属性などが明確に記録された一三五の事例を分析した。その結果、暴力の多くは女性をめぐる嫉妬など私的な動機に依拠した個人間の「殺人」であり、「戦争」と呼びうる異なる政治体間の武力衝突は少なかった。フライらはＭＦＢＳで戦争が起こりにくい理由として、人口サイズが小さく人口密度も低いこと、余剰財が少ないこと、社会ネットワークが個人中心的に広がっていることなどを挙げる。[13] [14]

このフライらの見解を、「疑似ルソー主義的」な議論だとして批判を展開するのが歴史学者のガットである。[15]彼の批判の論拠もデータの選択と解釈をめぐるものだ。「短期派」の論者たちは、おもにアフリカの狩猟採集民の民族誌データを重視する。だが、ガットによれば、それらの狩猟採集民は、長きにわたって周囲を農耕民や牧畜民に囲まれた暮らしを続けてきており、人類史の大部分を占めた狩猟採集社会の姿を適切に示していない。それに対して、オーストラリアには歴史的に農耕民や牧畜民が存在しなかったため、一八世紀末以降に西洋人がアボリジニについて残した記録が、初期の人間社会の生活を推測する最良のデータである。フライらは、アボリジニのデータも検討しているものの、その解釈には不適切な部分が多いとガットは指摘したうえで、アボリジニに異なる政治体間の武力衝突、つまり戦争が頻発していたことは明らかだと記す。

2　二項対立をこえた人間と社会の可塑性

戦争の起源をめぐる問いは、人間本性をめぐる問いや、国家や文明の発生が人類史に果たした意味をめぐる問いに直結すると考えられているため、はげしい論争を招きやすい。また、各学問分野が提供するデータは断片的であるだけでなく、長短をあわせもつので、起源を同定する際には複数の分野のデータを総合的に検討する必要がある。しかし、各データの信頼性と代表性は論者によってしばしば評価が分かれる。また、研究者間で戦争の定義にずれがみられる点も議論の収斂を妨げる要因である[16]。そのため、戦争の起源をめぐる問いが解決するのは「ほぼ不可能だろう」と述べる者もいる[17]。

ただし、近年の論争に関与する研究者の多くが、人間本性をルソー的かホッブズ的かに還元する図式からは距離を置いている点は強調しておこう[18]。たとえば、「短期派」に分類される論者は、狩猟採集社会において、女性をめぐり発生する男性間の殺人などの暴力が、集団内でときに頻繁に発生していたことを認めている[19]。彼らは「高貴な野蛮人」像を頑なに保持しているわけではないし、「戦争のない社会」を「暴力のない社会」と同一視しているわけでもない。一方の「長期派」の論者の多くは、社会科学においても一九七〇年代から興隆した進化論的な分析枠組みを採用しているものの、自己の主張が「人間は生物学的に戦うことを運命づけられた存在だ」といった決定論に与《くみ》するものではない点を明記している。仮に人類進化のある段階で戦争が適応的な行為だったとしても、それは特定の社会生態環境下でのことでしかない[20]。また、各集団内において一定数の人間が適切な協力行動をとれないかぎり集団間の戦いは生じえない。人間が他者と協力する能力を有していることが戦争の発生する条件であり、その能力は集団間の平和の形成や和解も可能にしただろう[21]。

このように、暴力と非暴力や対立と共生のどちらか一方が人間本性に起因し、他方が文化の産物であると措定する議論は、今日あまりみられない。一見、相互排他的に映る二つの行為形態や関係性を随時組みあわせて、他者とさまざまな関係を構築し、多様な社会を形成できる可塑性に、人間の固有性を見出す視点が醸成されてきたといえよう[22]。この視点は、近年になって文化人類学者が戦争と平和を連続的に捉える視点を強調していることにも合致する[23]。本章では、紙幅の関係から戦争にかかわる現象のみを主題化しているが、戦争について論じた内容はつねに平和をめぐる考察へ直結することを、まずは確認しておきたい。

二　「国家に抗する社会」における戦争

1　「国家に抗する戦争」

戦争の起源を正確に同定することには困難がともなうが、農耕や牧畜の開始後に多くの社会で集団的な武力衝突が発生してきたことには、研究者間で見解の一致がみられる。注意すべきは、農耕や牧畜が始まったからといって、すべての社会が国家を形成したわけでも、国家に統治されたわけでもないことだ。紀元前三一〇〇年ごろにティグリス・ユーフラテス川流域に最初の国家が誕生したあとも、「今から四〇〇年前まで、地球の三分の一は狩猟採集民、移動耕作民、遊牧民、独立の園耕民で占められていた[24]」。では集権的な統治機構をもたない「国家のない社会」における戦争は、いかなる原因で発生し、また社会にどのような作用をもたらしてきたのだろうか。

この問いを探究してきたのは、メラネシアや南アメリカ、東アフリカなどに位置する「国家のない社会」で実地調査を進めてきた人類学者である。彼らは、集権的な統治機構が存在しない社会において、戦争が社会の秩序を破壊する現象ではなく、特定の秩序を社会にもたらす営みであることを示した。各地域の研究でしばしば論じられてきたのは、土地や女性などの争奪が戦争の根本原因であるとの主張である[25]。また、稀少資源をめぐる闘争に起因する戦争が国家の発生に大きな役割を果たしたという分析[26]や、国家間の戦争も基本的には同様の図式で説明が可能だという議論もある[27]。「戦争と資源」の関係を焦点化したこれらの研究は、人類史で発生した多様な戦争を連続的に捉える視点を提供してくれる一方、しばしば戦争と各社会に固有の統合形態との関係に十分な考慮を払っていない。本節では、「国家のない社会」における「戦争と社会」の関係を、国家社会における関係とは対照的に特徴づけた議論を示そう。人類学者クラストルによる「国家に抗する戦争」論である[28]。

彼が調査対象としたアメリカ大陸の「国家のない社会」において、なにより重視されるのは集団の成員間の対等性を保つことである。これらの社会には、人びとのいさかいを調停して集団内の平和を保つチーフと呼びうる役職が存在する。しかしチーフは強制的な権力を有しておらず、巧みな弁舌や気前よくモノを分け与えることによってのみ自身の影響力を保つことができる。もしもチーフが傲慢にふるまったり私財を蓄えるようであれば、人びとはチーフの話を無視したり、チーフの下から離れて別の集落へ移動していく。彼らは、自分たちが生きる社会に階層的な権力関係を固定化させる芽を摘むことに、日々注力しているわけだ。クラストルが、「国家のない社会」は正確には「国家に抗する社会」と呼ばれるべきだと主張する所以である。

クラストルは、「国家に抗する社会」の集団間には戦争が遍在していたと記す。この主張は、交換をとおして集団間に形成される平和的な連帯関係を強調したレヴィ＝ストロースへの批判として提示されている。クラストルによれば、平和的な交換関係が続くと集団間の結びつきは強まり、複数の集団が一つの集団に統合される可能性がつよまる。集団の規模が大きくなると、階層的な関係が固定化しやすくなり、集権的な統治機構を有した組織、つまり国家の形成へ向かう運動が生じる。戦争とはこの運動が発生することを妨げる営みである。集団的な暴力の行使をとおして自他の社会的距離は明確となり、それぞれの集団の自律性が保たれるからである。クラストルは、「未開社会」はホッブズのいうとおり戦争状態に置かれていたと述べる。しかし、戦争状態とは人間社会の自然状態などではなく、「国家に抗する社会」の存続を可能にする社会制度が作動した結果だというのである。

クラストルによれば、戦争を発生させる駆動因には求心力の論理と遠心力の論理の二つがある。前者は多様な集団を階層的な関係のもとに単一化し均質化させる力であり、この論理によって形成され、維持されるのが国家である。この論理の内容は、戦争の回避可能性をめぐるアインシュタインとの往復書簡へフロイトが記した言葉によく示されている。「戦争は大きな統一を作りだすことができます。そして統一された領土を支配する強力で中央集権的な支配者が、その後は戦争が起きないようにすることもできる」[29]。この「大きな統一を作りだす」戦争が、国家が求心力の論理のもとになす戦争である。それに対して後者は、単一化と均質化にあらがい各集団の自律性と世界の多数性を維持・創造しようとする力である。クラストルがアメリカ先住民社会に見出した戦争とは、「国家に抗する社会」が遠心力の論理のもとになす戦争である。

「国家に抗する戦争」論は、私たちが自明とする「戦争と社会」の関係を相対化する刺激的なものだが、議論に用いられる民族誌資料は断片的だし、目的論的な色彩をつよく帯びている点にも問題がある[30]。ただし近年では、戦争の発生が結果的に国家の形成を阻んでいることをより実証的に論じた研究も登場している。西アフリカ内陸部に位置するムフン川湾曲部の農耕社会は、西欧列強により植民地化される以前、集権的な統治機構が存在しなかった。この地域では、それぞれの村が軍事力を保持する自律的な政治単位であり、村落間に戦争が発生すると周囲の村もそれに巻き込まれた。戦争をとおして地域社会のパワーバランスが変化すると、村落間の同盟関係も変化し、地域で覇権を掌握しようとする村の勢力は抑制された。この戦争と流動的な同盟関係によって、複数の村落を包含して統治する権力を有した国家の出現は阻まれた。人類学者の中尾世治[31]は、この地域社会のありようをクラストルにならって「国家に抗するシステム」と呼ぶ[32]。

2 遠心力の論理と個人の自由

クラストルの議論は一つの謎を残す。遠心力の論理のもとになされる戦争は、いかにして国家が求心力の論理のもとになす戦争へ転化したのかという謎である[33]。この転化が「国家に抗する社会」から内発的に生起する契機として、以下の二つを想定できる。一つは、戦争はリーダーのもとに多くの戦士が結束して戦うという点で、特定個人に権力を集中させ、集団内に階層的な関係を固定化させる契機になる。もう一つは、「国家に抗する社会」において組織的暴力を独占する集まりである戦士たちが、その暴力を集団内部へ向けたとき、社会は命令する者と命令される者に分化する。いずれかの契機を経て階層が固定化された社会が形成されると、その社会が近隣社会の支配や征服を目指した戦争を引きおこすことで、転化が完成する。

だが、クラストルはどちらの契機も存在しえないと記す。「国家に抗する社会」では戦時においてもチーフは強制的な動員力を有していない。戦士は各人の自由の行使として戦いに向かうし、自由の行使として戦いに行かない者もいる。また、戦士とは「あの男は勇敢である」という社会的名誉を求める存在である。彼らが戦いに行って戦果をあげるほどに勇敢さをめぐる評価の基準はあがり、仲間との競争は激しくなる。そのため彼らの一部は繰りかえし戦いに向かい、最終的には敵の捕虜とされて社会的な死を迎える。結果として、戦士には暴力を社会の内部に向ける機会が訪れない[34]。「国家に抗する社会」では、求心力の論理が作動しそうな戦争勃発時にも遠心力の論理は持続するし、戦士が社会から分離して軍事力に依拠した統治機関を構成する可能性も閉ざされているということだ。

近代国家の軍事組織を前提とする視点からは、戦時に自律的に行動する「自由な戦士」の姿は想像しにくい。その鏡像のように、集権的な統治機構が存在しない社会で戦う人は、国家間の戦争における個人の不自由さを理解しがたいものと感じるようだ。二つの例を挙げよう。フィリピンのルソン島に暮らすイロンゴットは、かつて首狩りをおこなっていた。彼らのもとで一九六〇年代後半に調査していた人類学者ロサルドは、マニラでベトナム戦争への召集令を受けとる。そのことをイロンゴットに話すと、彼らは「なんてひどいことだ。心配するな、われわれがお前を匿《かくま》ってやろう」と述べた。首狩りに長年従事してきた人びとが、暴力を忌避する発言をしたのはロサルドにとって意外だった。じつは、イロンゴットの地は一九四五年六月にアメリカ軍と日本軍の戦闘の舞台となった。戦争では多くの被害がでたが、イロンゴットが問題にしたのはそのことではない。彼らは、軍の司令官が兵士たちに砲撃にさらされる場へ移動するよう命令しているところを目撃した。イロンゴットにとって、人の生死にかかわる事柄を同胞に強制する権威が存在するなど想像もできないことだった。この経験から、イロンゴットは国家の戦争に道徳的な嫌悪感を抱くようになり、仲間であるロサルドへ召集に応じないよう助言したのである。[35]

もう一つの例は、筆者が調査する東アフリカの牧畜民ダサネッチである。彼らは、国家の最辺境地域で近隣民族と戦いを重ねてきた。筆者の友人には、牧畜民間の戦争に参加したのちエチオピア国軍に入隊し、一九九八―二〇〇〇年のエチオピア・エリトリア戦争に従軍した者がいる。彼に二つの戦争のちがいを尋ねると、組織内部における個人の自由の有無を挙げた。ダサネッチの戦争においては、戦いに行くのも行かないのも、また戦場においてどのようにふるまうのかも、基本的には個人に委ねられている。国家の軍隊において個々の兵士にそのような行為選択の自由はないし、上官の命令に背いた者には制裁が待っている。ダサネッチにおいては、平時の個人間の対等性が戦時にも維持されるのに対して、近代国家では平時に強調される国民の平等性が戦時にはその対極にある厳格な命令と従属の関係にとってかわられる。国家の戦争は、他のなによりも個人の自律性が剥奪されるという点で「ひどいものだ」というのが、この友人の評価であった。

求心力の論理は、戦いの相手集団を自己の管理下に置くことを目指すだけでなく、自集団を構成する諸個人の多数性も階層的な関係構造のもとに一元化する。遠心力の論理のもとに生きる人びとは、そこに国家間戦争の否定的な内実を見てとったのである。

3 求心力の論理への転化の契機

では遠心力の論理から求心力の論理への転化は、外来勢力による征服など外発的な要因によってしか生じえないのだろうか。クラストルはこの問いへの直接的な答えを示さないままに早逝した。ただし遺された彼のノートには、今後に検討すべき領域として「政治構造の変質の潜在的呼び水としての未開社会における征服戦争(トゥピ社会の事例)」と書き記されていた[36]。トゥピ社会とは、クラストルが南アメリカ大陸においてアマゾンの国家なき社会とアンデスの国家社会との「移行体」として位置づけたトゥピ・グァラニ世界を構成する一社会である。

一五世紀半ば、人口増加などによって従来の「国家に抗する社会」の秩序が危機に瀕したトゥピ・グァラニ世界には、予言者運動が起こった。予言者はみずからを既存の共同体的秩序の外部に在る存在として位置づけ、相互に対立する集団間の境界をこえた影響力を持った。人びとは予言者の語りの「一貫性を疑わず、喜んでその言葉に耳を傾け」たという。これはチーフに権力が集中することをなにより警戒していた「国家に抗する社会」の人びとの姿とは対照的であり、ここに命令する者と命令される者が分化する萌芽が見てとれる。一六世紀初頭には、予言者が示すユートピア的世界を求めて、一万人以上の先住民がアマゾン川河口から新天地を求めて移動していった。クラストルがノートに記した「征服戦争」がこの移動を指しているのかは不明だが、少なくとも遠心力の論理のもとでは起こりえなかった大規模な動員が、予言者の下でなされたわけである。

予言者の登場が契機となって、遠心力の論理が内破されて求心力の論理にもとづいた戦争がなされるようになった事例は、東アフリカから報告されている。同地域の牧畜社会では、もともと若者が小規模な集まりを構成して隣接集団との戦いに出向いていた。戦いに行く動機は家畜の略奪など私的なものだった。この地域が一八世紀後半から一九世紀初頭に深刻な干ばつにみまわれると、マサイ社会にカリスマ的な予言者が登場し、「戦争と社会」の関係が大きく変容した。予言者の指導下に社会全体から動員された若者が近隣集団を攻撃して、一部の成員を同化しながらマサイの領域を拡張した。予言者は略奪した家畜によって莫大な富を築き、その分配をとおして信奉者を増やしながら、集権的なリーダーシップを形成した。この時点で、マサイ社会は国家的な階層構造の形成に向かう変化の道を歩みはじめていたと論じる研究者もいる。だがその道のりは、一九世紀終わりに植民地化を目論むヨーロッパ勢力が出現したことで断ちきられた㊲。

遠心力の論理が作動する社会では、多くの人びとを均質的に集合行為へ動員する社会制度は存在しない㊳。ただし、これらの社会が天災や人口圧の増加などに直面したとき、従来の社会構造からは異質な宗教的指導者が登場して個々の成員と直接的に結合することで、大規模な動員がなされることがあった。戦争もその一つである。もちろん、その過程で形成されたリーダーシップが、国家形成に直結したのか否かは他の多くの条件に依存する㊴。ここでは、例外的でありながらも、「国家に抗する社会」において大規模な戦争動員が自生的に生起し、「戦争と社会」の関係が転化する余地があったことを指摘しておきたい。

では、ひとたび求心力の論理に依拠した戦争が支配的となった世界において、遠心力の論理に依拠した戦争が再び発現することはあるのだろうか。

三　内戦とテロリズムの論理

1　「旧い戦争」と「新しい戦争」

国家が求心力の論理に駆動されてなす戦争の内実はいうまでもなく多様である。筆者にその多様性を論じる準備はない。また、近現代の国家間戦争における「戦争と社会」の関係は本シリーズのほかの章で主題化されているため、ここで言及する必要はないだろう。本節では、求心力の論理が行きついた先になされた二〇世紀の総力戦のあと、遠心力の論理に依拠した戦争と個人が一定の自律性を保持しながら行使する暴力が、部分的にではあれ回帰している可能性を検討しよう。

冷戦が終結した一九九〇年前後から激しい内戦が頻発した。一部の研究者は、そこに従来の戦争とは異なる論理を見てとり、「新しい戦争」をめぐる議論を展開した。その代表的論者である政治学者のカルドー(40)は、旧い戦争、つまり近代国家間の戦争と新しい戦争とのちがいを、目的と対立軸、様式、経済の三点から論じた。旧い戦争とは、地政学的な利益や望ましい社会の理念をめぐるイデオロギーの相違を対立軸として、国家の正規軍が戦うものであり、その資金は国家が税金などで集権的に調達する。それに対して、新しい戦争は民族や宗教などアイデンティティの追求が対立軸となり、国家の軍隊だけでなく民兵や軍閥などの非国家アクターが一般市民を主要な攻撃対象とする。非国家アクターは、略奪やディアスポラからの送金など、資金を外部から分権的に獲得する。

もちろん、冷戦終結後に世界各地の戦争がすべて前者から後者に転換したわけではないし、「新しい」とされる要素が「旧い」戦争に存在しなかったわけでもない。カルドーの意図は、二つの戦争のあり方を理念型として提示することで、冷戦終結前後から発生した多くの戦争を理解するための見取り図を提示するとともに、新しい戦争に対処するために必要な政策を先導することだった。

カルドーは「旧い戦争は国家形成と結びついているが、新しい戦争はその逆のもの、つまり国家の解体に寄与する傾向にある」と記して、二つの戦争が国家社会にもたらす作用を対照的に位置づける(41)。西欧世界で近世から近代に国家がなした戦争が「戦争が国家をつくり、国家が戦争をつくる」という命題によって特徴づけられるとすれば(42)、新しい戦争は、国家を構成する諸集団がアイデンティティ政治に駆動されて、国家を複数の政治体に分割する効果をもたらすというのである。これは一見すると、戦争に各集団の自律性と世界の多数性を維持・創造する遠心力の作用を見出した「国家に抗する戦争」論と親縁性が高い議論である。

2　内戦と遠心力の論理

「国家に抗する戦争」と「新しい戦争」の共通性と差異を検討するために有用なのが、人類学者アパドゥライの著作『グローバリゼーションと暴力』における内戦論である。[43] 彼が念頭に置いているのは、インドでのヒンドゥー右派によるムスリムの襲撃や、ルワンダでのフトゥ人過激派によるトゥチ人の虐殺である。これらの紛争で対立している勢力の宗教や民族はたしかに異なっているが、両者はそれまで隣人として共生してきた。その隣人に対して、あるときエリートの扇動に応じた凄惨な殺戮が始まる。この暴力を、アパドゥライは「ささいな違いについてのナルシシズム[44]」にもとづく「親密な暴力」と呼ぶ。

それまで友好的な関係を築いてきた隣接集団との間に戦いが起きること自体は、文化人類学の研究蓄積を参照すれば珍しいことではない。前節で参照した「国家のない社会」では、交易関係や親族関係を有する集団同士が戦いを重ねてきたからである。自己の政治体の自律性を維持・創造するために、人びとはつながりのある「親密な敵」こそを攻撃対象にしてきたとの指摘もある。[45] 集団境界をこえた友好的なつながりを暴力で一時的に断ちきることで、各集団の自律性が遂行的に表明されるからである。クラストルは、そのような戦争が国家形成を阻む作用を有することを強調したのである。この点に着目すると、近年の内戦における「親密な暴力」とは、近代国家の求心力の論理によって一つの政治体に包含された諸集団が、遠心力の論理に駆動されながら近隣集団との差異化を求めて行使しているものとして解釈できる余地がある。

ただし、二つの戦争が社会に有する作用には決定的なちがいが存在する。「国家のない社会」においては、「われわれ」とはあくまでも「かれら」との関係において存在することが前提とされており、相手集団を完全に征服したり殲滅したりしようという発想は生じてきにくいし、またより多くの敵を殺すこと自体が目的化されることも少ない[46]。そして、集団間に社会的距離が形成されて各集団の自律性が確認されると、集団間には友好的な相互往来が自発的に回復する。一方、近年の内戦で人びとを暴力に駆りたてるのは、彼らが抱く「捕食性アイデンティティ」だとアパドゥライは分析する。これは、「集団がみずからのアイデンティティを社会的に構築し、またそれを動員するために、それ自身に近接するほかの社会的範疇を抹消しなければいけないようなアイデンティティ」である。つまり、「われわれ」のアイデンティティを安定的に確保するうえで、「かれら」の存在それ自体がリスクとなるため、差異の存在それ自体を消去する必要があるという論理であり、その行きつく先はジェノサイドである[47]。

捕食性アイデンティティによる暴力は、インドやルワンダの事例が示すようにしばしばマジョリティがマイノリティに対して行使する。そこには、グローバル化による不完全性と不確実性の感覚の増大に苛まれるマジョリティの姿がある、とアパドゥライは説明する。国民国家は、国家は一つのネイションで構成されるという理念を掲げた。だが、現実にはいかなる国家の領域にも複数の民族集団が混淆してきた歴史があるため、この理念は実現不可能であり、国民国家はつねに不完全なものにとどまる。グローバル化により国家間の空間的・社会的境界が流動化すると、マジョリティが抱く不完全性の感覚は活性化される。たとえば、国内のマイノリティが国外のディアスポラと結託して自分たちの優位な地位を脅かすかもしれない、という不確実性をめぐる想像力が作動しやすくなるからである。その不安を解消するために暴力を用いて他者を抹殺することで、不完全性と不確実性の感覚は「戦慄するような確実性」の感覚にとってかわられる[48]。

近年の内戦における「親密な暴力」は、遠心力の作用のもとで「かれら」を「われわれ」から引きはがす過程で、「われわれ」だけによって構成される世界をつくりだそうとする。「国家に抗する戦争」では、自集団の自律性の維持は世界の多数性を維持することと表裏一体であったが、「新しい戦争」では、自集団の自律性の維持は世界の多数性を消滅させることで可能になるものとして想像されているのである。

3　テロリズムと「自由な戦士」

二〇〇六年に出版された『グローバリゼーションと暴力』は、一九九〇年代に頻発した内戦と、今世紀に入ってから注目を集めた「テロリズム」[49]による暴力の双方を視野におさめた著作である。アパドゥライは、二〇〇一年の「アメリカ同時多発テロ事件」とそれに対抗して開始された「テロとの戦争」が、「平和的な日常」と「非日常としての戦争」という区別を攪乱した点を強調する。テロリズムはどこで発生するかの予測が困難であるだけではなく、一度なされた攻撃は次なる攻撃への恐怖を生む。現実には、テロ攻撃が発生する地域には明らかな偏りがあり、たとえば今日の欧米世界においてテロ攻撃に遭遇する可能性はきわめて低いという。[50]しかし、人びとはそれがどの空間で起きてもおかしくないと考え、またその脅威には時間的な終わりがないと感じる。「テロとの戦争」の時代とは、自己の身体を脅かす暴力にいつか遭遇するかもしれないという不安に人びとが苛まれる時代である。

さらに彼は、「テロとの戦争」を「脊椎型システム」と「細胞型システム」という二つの異なるシステム間の衝突として捉える視点を提示する。脊椎型システムとは、特定の規範と記号体系のもとにその構成要素が統一的に活動するシステムを意味する。その一例が国民国家であり、またその軍隊組織でもある。それに対して、二一世紀のグローバルなテロリズム・ネットワークは細胞型システムの性質をつよく帯びている。このシステムにおいては、多様なアクターないし細胞が、相互に接続しながら資金の提供や戦闘員の訓練と動員を各地でおこなうが、全体を統制する中枢はなく、それぞれが一定の自律性を有したまま特定の目的に向けた活動をおこなう。[51]

テロリズム・ネットワークを構成する細胞の一つは、二〇一〇年代に入ってとくに注目を集めるようになった「自律型 do-it-yourself terrorism」の攻撃者や「ローンウルフ型 lone wolf terrorism」の攻撃者だろう。[52] これらの攻撃者は、特定の組織には所属せず、外部からの直接的な命令や階層関係によらずに少人数のチーム、ないし単独で攻撃行動を起こす存在と定義される。[53] 彼らによる攻撃を二一世紀の戦争の新たな一形態と位置づける論者もいる。[54] もっとも、自律型ないしローンウルフ型の攻撃者をめぐる研究が指摘するのは、彼らは実際には「一人 lone」ではないし「自由」に意思決定をしているわけでもないことである。人びとはインターネットをとおして主要な組織や影響力のある個人と接続し、特定のアクターからのつよい感化や命令によって攻撃行為に従事する。[55]

「テロリズムと社会」の関係を考えるうえで重要なのは、彼らが実際に「自由」であるか否かよりも、現実のテロ攻撃をとおして、個人レベルで自律的に攻撃行動をおこなう者が存在するのではないかという想像力が、世界大にある程度まで広がったことだろう。既存の組織に所属せず、また特定の階層関係のもとに制御されない存在は、脊椎型システムによる捕捉が困難である。「自由な戦士」がどこかに実在するという想像力こそが、いつどこで攻撃が発生するかわからないという不安を人びとに喚起し、ホッブズ的な意味での戦争状態を社会に実現させることになるのである。

おわりに――平和をめぐる別様な想像力へ

本章では、「【国家間】戦争と【近現代の日本】社会」の関係とは異なる「戦争と社会」の関係のあり方を示すために、文化人類学者による戦争研究の蓄積を紹介してきた。私たちが抱く典型的な戦争のイメージは、求心力の論理に駆動された国家が遂行し、脊椎型システムのもとに国民が一体となって動員されていく戦いだろう。この観点からすれば、近年の内戦やテロリズムにおける暴力の論理は理解が困難な側面が多く残るため、結果としてその「新しさ」にばかり注目が集まり、ときにその暴力に従事する主体はモンスター的な存在として提示される。しかし、差異化を求めて行使される親密な他者に対する暴力や、特定組織内の階層関係からは相対的に自律して暴力を行使する主体は、「国家のない社会」における戦争の内容を検討してみると、それ自体としては必ずしも新奇な現象や存在ではないことがわかる。むしろ、一九世紀から二〇世紀にかけて多くの地域で標準的なものとされるようになった「戦争と社会」の関係は、人類史的な視座から捉えれば特異な関係であったと特徴づけられることになるのかもしれない。

もちろん、本章で試みた「国家に抗する戦争」と一九九〇年代以降の集合的暴力との比較は、多くの単純化をはらむものである。国家間戦争が多様であるように「国家のない社会」の戦争も多様であることや、「新しい戦争」の実態は「旧い戦争」と連続的に捉えたほうが適切に理解できる側面があること、電子ネットワークの発展に支えられた細胞型システムの暴力が真に「新しい」要素を有していること、そして二一世紀にも国家間の戦争が継続していることは、それぞれ記すまでもない。文化人類学的なアプローチは、たがいに縁遠いものと思われている空間的・時間的に「遠い対象」と「近い対象」を並べ、両者の間につながりやずれを見出すことで、私たちが抱く対象への想像力を再編する作用をもたらす。本章では、一見かけ離れた二つの戦争を並置してみることで、私たちが自明とするものとは異なる「戦争と社会」の関係論理に接近するための一視点を提示したのである。

アパドゥライは、近年の細胞型システムの暴力とそれがもたらす不安に対抗できるのは、国家に代表される脊椎型システムではなく、協調や包摂を求めてグローバルな提携を進める市民社会組織らが構成する別様な細胞型システムだと述べる[56]。彼が提示する平和への道筋は、全体を統制する権威が存在しない社会状況下で、異なる集団に帰属する諸個人が水平的に連結することで暴力を抑止し、また戦後の関係改善を進める「国家のない社会」における平和形成の過程とよく似ている[57]。「戦争と社会」の別様な関係に目を向けることは、私たちの平和をめぐる想像力を拡張することにもつながるはずだ。

（1） デイヴィッド・アーミテイジ／平田雅博・阪本浩・細川道久訳『〈内戦〉の世界史』岩波書店、二〇一九年。
（2） K. F. Otterbein, *The Anthropology of War*, Waveland Press, 2009.
（3） 近年では、狩猟採集社会を、ある程度の経済的・政治的階層が存在し、一部で定住的な生活がなされていた「複雑な」社会と、蓄積や階層が最小限しか存在せず、遊動的な生活を送る「単純な」社会とに区分して、戦争の有無を論じることが多い。一般的に社会はより「複雑な」ものへ推移してきたと考えられているので、「単純な」狩猟採集社会に戦争が存在していたとすれば、数万年から数百万年にわたり人類は戦争を重ねてきたことになる。
（4） M. Mead, "Warfare: Only an Invention not a Biological Necessity", *Asia* 40(1940), pp. 402–405.
（5） 栗本英世『未開の戦争、現代の戦争』岩波書店、一九九九年。N. L. Whitehead, "Reply to Keith Otterbein", *American Anthropologist* 102-4(2001), pp. 834–837.
（6） M. W. Allen, "Hunter-Gatherer Conflict: The Last Bastion of the Pacified Past?", in M. W. Allen and T. L. Jones (eds.), *Violence and Warfare among Hunter-Gatherers*, Routledge, 2014.
（7） K. F. Otterbein, "A History of Research on Warfare in Anthropology", *American Anthropologist* 101-4(1999), pp. 794–805.
（8） スティーブン・ピンカー／幾島幸子・塩原通緒訳『暴力の人類史(上・下)』青土社、二〇一五年。
（9） R. B. Ferguson, "Pinker's List: Exaggerating Prehistoric War Mortality", in D. P. Fry (ed.), *War, Peace and Human Nature: The Convergence of Evolutionary and Cultural View*, Oxford University Press, 2013. D. P. Fry and P. Södenberg, "Myths about Hunter-Gatherers Redux: Nomadic Forager War and Peace", *Journal of Aggression, Conflict and Peace Research* 6-4(2014), pp. 255–266.
（10） D. Falk and C. Hildebolt, "Annual War Deaths in Small-Scale versus State Societies Scale with Population Size Rather than Violence", *Current Anthropology* 58-6(2017), pp. 805–813. M. Mann, "Have Wars and Violence Declined?", *Theory and Society* 47(2018), pp. 37–60.
（11） D. P. Fry, "War, Peace and Human Nature: The Challenge of Achieving Scientific Objectivity", in Fry (ed.), *op. cit.* (2013).
（12） ＭＦＢＳとは mobile forager band societies の略称である。
（13） この指摘は、戦争とはより強固な集団意識が形成されて、暴力の対象をめぐり「社会的代替性」の感覚が醸成されることで発生したという主張と親縁性が高い。「社会的代替性」とは、自集団の成員が他集団の成員から暴力を行使された際、その復讐の対象範囲を規定する想像力の作用を意味する語である。復讐対象が殺人者本人に限定される場合、その人物を殺害すれば事態は終結するため、暴力は集団化しない。だが復讐対象に殺人者を社会的に代替する者、つまり殺人者と同じ集団に帰属する者が含まれるようになると、暴力は連鎖しながら集団化する。これが「戦争」の発生である。R. C. Kelly, *Warless Societies and the Origin of War*, University of

Michigan Press, 2000.

(14)　D. P. Fry and P. Södenberg, “Lethal Aggression in Mobile Forager Bands and Implications for the Origin of War”, *Science* 6143 (2013), pp. 270-273.　なお、日本列島の縄文時代においては個人間の殺人を含めて暴力は一般的でなかったとの分析もある。H. Nakao et al., “Violence in the Prehistoric Period of Japan: The Spatio-Temporal Pattern of Skeletal Evidence for Violence in the Jomon Period”, *Biology Letters* 12-3 (2016), DOI: 10. 1098/rsbl. 2016. 0028.

(15)　A. Gat, “Proving Communal Warfare among Hunter-Gatherers: The Quasi-Rousseauan Error”, *Evolutionary Anthropology* 24 (2015), pp. 111-126.

(16)　A. Lopez, “The Evolution of Warfare”, in C. A. Ireland et al. (eds.), *The Handbook of Collective Violence: Current Developments and Understanding*, Tylor and Francis, 2020.

(17)　L. Glowacki, M. L. Wilson and R. W. Wrangham, “The Evolutionary Anthropology of War”, *Journal of Economic Behavior and Organization* 178 (2020), pp. 963-982.

(18)　霊長類学者のランガムはその近著で、ホッブズ的でありかつルソー的でもあるという二重性が人間の本質だと指摘している。リチャード・ランガム／依田卓巳訳『善と悪のパラドックス――ヒトの進化と〈自己家畜化〉の歴史』ＮＴＴ出版、二〇二〇年。この著作からは、ヒトの男性がチンパンジーのオスと共有する暴力性ばかりを強調していた一九九六年の著作における彼の立場からの変化が見てとれる。リチャード・ランガム、デイル・ピーターソン／山下篤子訳『男の凶暴性はどこからきたか』三田出版会、一九九八年。

(19)　Kelly, *op. cit.* (2000).

(20)　Glowacki, Wilson and Wrangham, *op. cit.* (2020), pp. 963-982.

(21)　M. Kissel and N. C. Kim, “The Emergence of Human Warfare: Current Perspectives”, *American Journal of Physical Anthropology* 168: S67 (2018), pp. 141-163.

(22)　注3で言及した狩猟採集社会を「単純」な社会と「複雑」な社会に区分する視点にも、近年批判がなされている。狩猟採集民は季節の変化に応じて移動する生活を送ってきたが、それにともない社会形態や文化的価値も変化させてきた。そのため、一つの集団が平等主義的な側面と階層的な側面をあわせもっていたと考えるのが妥当ではないかという批判である。D. Wengrow and D. Graeber, “Farewell to the ‘Childhood of Man’: Ritual, Seasonality, and the Origins of Inequality”, *Journal of Royal Anthropological Institute* (N.S.) 21-3 (2015), pp. 597-619.　この批判に依拠すれば、人間社会が「単純な」社会から「複雑な」社会へ推移してきたという想定は成立しなくなり、この区分を前提として戦争の有無を論じてきた議論も再考を迫られることになる。

(23)　P. Richards, “New War: An Ethnographic Approach”, in P. Richards (ed.), *No Peace, No War: The Anthropology of Contemporary Armed Conflicts*, James Currey, 2005.　栗本英世「政治・紛争・暴力」桑山敬己・綾部真雄編『詳論 文化人類学』ミネルヴァ書

房、二〇一八年。

(24) ジェームズ・スコット／立木勝訳『反穀物の人類史――国家誕生のディープヒストリー』みすず書房、二〇一九年。

(25) A. Vayda, *War in Ecological Perspective: Persistence, Change and Adaptive Processes in Three Oceanian Societies*, Plenum, 1976.

(26) R. L. Carneiro, "A Theory of the Origin of the State", *Science* 3947 (1970), pp. 733-738. R. Cohen, "Warfare and State Formation: Wars Make States and States Make Wars", in R. B. Ferguson (ed.), *Warfare, Culture, and Environment*, Academic Press, 1984.

(27) アザー・ガット／石津朋之・永末聡・山本文史監訳『文明と戦争(上・下)』中央公論新社、二〇一二年。

(28) ピエール・クラストル／原毅彦訳『政治人類学研究』水声社、二〇二〇年。ピエール・クラストル／毬藻充訳『暴力の考古学――未開社会における戦争』現代企画室、二〇〇三年。

(29) ジークムント・フロイト／中山元訳『人はなぜ戦争をするのか――エロスとタナトス』光文社古典新訳文庫、二〇〇八年。ただしフロイトはこのすぐあとに、現実には征服は新たな対立を生むため統一は長続きしないと記している。

(30) クラストルの戦争論には、南米先住民社会の研究者から批判的な言及がなされている。C. Fausto, *Warfare and Shamanism in Amazonia*, Cambridge University Press, 2012.

(31) 中尾世治『西アフリカ内陸の近代――国家をもたない社会と国家の歴史人類学』風響社、二〇二〇年。

(32) メラネシアからの事例としては、ニューギニア高地の園芸民エンガの事例にもとづいて、戦争発生をめぐる「力の均衡」説を提示した論考を挙げておく。P. Wiessner, "From Spears to M-16s: Testing the Imbalance of Power Hypothesis among the Enga", *Journal of Anthropological Research* 62 (2006), pp. 165-191.

(33) これと部分的に共通した問いに、人類学者のターネイ＝ハイによる「軍事的地平」をめぐる議論がある。H. H. Turney-High, *Primitive War: Its Practices and Concepts*, University of South Carolina Press, 1991.

(34) 前掲注(28)クラストル 二〇二〇年。

(35) R. Rosaldo, "Of Headhunters and Soldiers: Separating Cultural and Ethical Relativism", *Issues in Ethics* 11-1 (2000), pp. 2-6.

(36) 前掲注(28)クラストル 二〇二〇年。

(37) J. G. Galaty, "Pastoral Orbits and Deadly Jousts: Factors in the Maasai Expansion", in J. G. Galaty and P. Bonte (eds.), *Herders, Warriors, and Traders: Pastoralism in Africa*, Routledge, 1991. J. Lamphear, "Brothers in Arms: Military Aspects of East African Age-Class Systems in Historical Perspective", in E. Kurimoto and S. Simonse (eds.), *Conflict, Age and Power in North East Africa: Age Systems in Transition*, James Currey, 1998.

(38) ジェームズ・スコット／佐藤仁監訳『ゾミア――脱国家の世界史』みすず書房、二〇一三年。

(39) 近年、これまで議論されることがまれだった「国家の予言者起源論」へ注目が集まっており、今後の議論の進展が期待される。D.

Graerber and M. Sahlins, *On Kings*, HAU Books, 2017.

(40)　メアリー・カルドー／山本武彦・渡部正樹訳『新戦争論――グローバル時代の組織的暴力』岩波書店、二〇〇三年。M. Kaldor, “In Defence of New Wars”, *Stability* 2-1(2013), pp. 1-16.

(41)　Kaldor, *op. cit.*(2013), pp. 1-16.　冷戦終結以降の内戦が、国家の解体をもたらす側面を重視した文献として以下を参照。R. B. Ferguson (ed.), *The State, Identity and Violence: Political Disintegration in the Post-Cold War World*, Routledge, 2003.　A. Leander, “Wars and the Un-Making of States: Taking Tilly Seriously in the Contemporary World”, in S. Guzzini and D. Jung (eds.), *Contemporary Security Analysis and Copenhagen Peace Research*, Routledge, 2004.　B. D. Taylor and R. Botea, “Tilly Tally: War-Making and State-Making in the Contemporary Third World”, *International Studies Review* 10-1(2008), pp. 27-56.

(42)　C. Tilly, “War Making and State Making as Organized Crime”, in P. B. Evans, D. Reuschemeyer and T. Skocpol(eds.), *Bringing the State Back In*, Cambridge University Press, 1985.

(43)　アルジュン・アパドゥライ／藤倉達郎訳『グローバリゼーションと暴力――マイノリティーの恐怖』世界思想社、二〇一〇年。

(44)　この言葉は、もともとフロイトが隣接する共同体同士が相互に軽蔑しあう現象を考察する際に用いた語である。ジークムント・フロイト／中山元訳『幻想の未来／文化への不満』光文社古典新訳文庫、二〇〇七年。

(45)　S. Harrison, *The Mask of War: Violence, Ritual and Self in Melanesia*, Manchester University Press, 1993.

(46)　Fausto, *op. cit.*(2012).

(47)　もちろん、「親密な暴力」を行使した人がすべて「捕食性アイデンティティ」を抱いていたわけではないだろう。ルワンダとインドの紛争を対象に、人びとが集合的暴力へ動員された細かな文脈を検討した著作に以下がある。L. A. Fujii, *Killing Neighbors: Webs of Violence in Rwanda*, Cornell University Press, 2009.　A. Varshney, *Ethnic Conflict and Civic Life: Hindus and Muslims in India*, Yale University Press, 2002.

(48)　前掲注(43)アパドゥライ 二〇一〇年。A. Appadurai, “Dead Certainty: Ethnic Violence in the Era of Globalization”, *Development and Change* 29(1998), pp. 909-925.

(49)　ある現象や組織を「テロ攻撃」や「テロ組織」と名付けることは、それ自体がつよく政治的な行為である。国家から「テロ組織」と名指された組織やその成員の調査をしてきた人類学者は、国家中心的な視点からの「テロリズム」言説につよい懸念を表明してきた。C. K. Mahmood, “Terrorism, Myth, and the Power of Ethnographic Praxis”, *Journal of Contemporary Ethnography* 30-5(2001), pp. 520-545.　J. Sluka, “Terrorism and Taboo: An Anthropological Perspective on Political Violence”, *Critical Studies on Terrorism* 1-2(2008), pp. 167-183.　本章ではアパドゥライの用法にならって、国家側の視点から「テロリズム」と呼ばれる組織や行為をその名で示している。

(50) 小林良樹『テロリズムとは何か——〈恐怖〉を読み解くリテラシー』慶應義塾大学出版会、二〇二〇年。
(51) 前掲注(43)アパドゥライ 二〇一〇年。
(52) J. Forest, *The Terrorism Lectures: A Comprehensive Collection for the Student of Terrorism, Counterterrorism and National Security*(3rd ed.), Nortia Press, 2019.
(53) 自律型の攻撃形態は今世紀に入り突如として誕生したものではなく、一九世紀のアナキストや二〇世紀の米国での白人至上主義者の活動にも類似した形態を見出すことができる。R. Spaaij, "The Enigma of Lone Wolf Terrorism: An Assessment", *Studies in Conflict and Terrorism* 33-9(2010), pp. 854-870.
(54) G. Michael, *Lone Wolf Terror and the Rise of Leaderless Resistance*, Vanderbilt University Press, 2012.
(55) G. Weimann, "Lone Wolves in Cyberspace", *Journal of Terrorism Research* 3-2(2012), DOI: 10. 15664/jtr. 405. J. Kaplan, H. Lööw and L. Malkki, "Introduction to the Special Issue on Lone Wolf and Autonomous Cell Terrorism", *Terrorism and Political Violence* 26-1(2014), pp. 1-12. P. Joosse, "Leaderless Resistance and the Loneliness of Lone Wolves: Exploring the Rhetorical Dynamics of Lone Actor Violence", *Terrorism and Political Violence* 29-1(2017), pp. 52-79.
(56) 前掲注(43)アパドゥライ 二〇一〇年。A. Appadurai, *The Future as Cultural Fact: Essays on the Global Condition*, Verso, 2013.
(57) 佐川徹『暴力と歓待の民族誌——東アフリカ牧畜社会の戦争と平和』昭和堂、二〇一一年。深川宏樹『社会的身体の民族誌——ニューギニア高地における人格論と社会性の人類学』風響社、二〇二一年。

第7章

平和構築と軍事

――「救援」と暴力のマネジメント

和田賢治

はじめに

現代の先進国市民の多くにとって武力紛争は遠い国の出来事である。だが、その距離を理由に、その事態を放置してよいということにはならない。武力紛争の被害に苦しむ人々をいかに救援するか、という難題の解決に向けて、国際社会は試行錯誤を繰り返してきた。冷戦後、その暫定的な方法として平和構築が誕生した。「平和構築とは、国内のあらゆるレベルで紛争管理能力を強化することにより、紛争の発生や再発のリスクを低め、持続可能な平和と開発に向けた基礎を築くための幅広い措置を指す」[1]。具体的には、元戦闘員の社会復帰、法の支配の強化、人権尊重への取り組みの改善、選挙や報道の自由を含む民主的発展のための技術支援、紛争の解決や和解の技術の促進、腐敗の取り締まり、地雷除去、疾病対策など多岐にわたる[2]。これらの多くは各分野を専門とする文民アクターが担う。ただし、平和構築は軍事から切り離されるわけではなく、それを担う平和維持活動と一対である。「平和維持活動とは、いかに不安定であろうとも、戦闘が停止した平和な状態を維持し、和平仲介者が取り付けた合意の履行を助けるための手法を指す」[3]。とくに武力紛争終結直後、国内の秩序が安定しないなか、平和構築を継続的に実施するうえで平和維持軍の駐留は欠かせない。

冷戦期の平和維持活動は停戦監視や非武装地帯の管理などを主たる任務としたが、今日のそれは、難民・国内避難民の帰還支援、人道支援物資の供給、インフラストラクチャーの整備を担うなど、平和構築にも貢献する。それゆえ、現代の平和維持要員には、連携する文民アクターや距離を近くする市民との信頼関係を生むコミュニケーション能力のような通常の軍事訓練で身につく以外の技術と知識も求められる。その一方、武力行使の技術や知識もそれまで以上に求められるようになる。平和維持活動は、㈠当事者の同意、㈡不偏性、㈢自衛およびマンデートの防衛を除く武力の不行使、という三原則を基に実施される。[4] 冷戦期は自衛の場合にのみ武力行使を認めてきたが、冷戦後は文民アクターや市民への攻撃の増加に伴い、三原則の見直しを迫られてきた。その被害の看過は平和構築の妨げとなることから、文民保護のための武力行使も認められるようになる。

いつ武力紛争が再発するか分からぬなかでも、多様な任務を引き受けることになった平和維持要員は、ジェンダーという視点から見れば、過剰な男性性を要求される任務とそうでないものに柔軟に対応することを求められる。秩序の安定した場面では「ケアし救い建設する軍隊」の一員としてふるまい、そうでない場面では「殺し傷つけ破壊する軍隊」のそれとしてふるまわなければならない。この一見して相反する救援と暴力のマネジメントの一端を明らかにすることが本章の課題である。

そのマネジメントの困難さを現在最も象徴すると思われる事例が、二〇一三年四月二五日の国連安全保障理事会決議二一〇〇により設立された国連マリ多元統合安定化ミッション（the UN Multidimensional Integrated Stabilization Mission in Mali: MINUSMA）である。[5] その特徴は大きく二点ある。一点目は「暴力的過激主義」と指定される組織（以下、「過激派集団」と略記する）の存在である。国連事務総長報告『暴力的過激主義防止行動計画』によれば、暴力的過激主義とは、特定の地域、国籍、信条体系に固有のものではなく、また明確な定義を持たない多様な現象であるとしながらも、

「不寛容さのメッセージ」を発し、「平和、正義、人間の尊厳」という国際社会が共有する価値に挑もうとする。[6] マリ北部を越境的に活動する複数の過激派集団の存在は、MINUSMAを「最も危険な国連ミッション」とする。[7] その討伐を目的とする対テロ作戦と活動地域を重複することから、平和維持要員の死傷者数の増加に歯止めがかからないからである。二点目は欧州連合(European Union: EU)の関与である。一九九〇年代後半からアフリカで展開する平和維持活動の兵力はアフリカ諸国などを中心とし、先進国の関与は非常に限定的であった。ところがMINUSMAでは、欧州諸国が派兵による人的貢献に加え、無人航空機(Unmanned Aerial Vehicle: UAV)の配備など技術的貢献も果たしている。

現代の平和維持要員に課される使命とは、平和構築の協力者と非協力者を識別し、前者を救援し、後者に暴力をふるうことである。その識別の困難さは、情報収集のための最新のテクノロジーを駆使した軍事的インテリジェンスにより克服が目指される。その運用をジェンダーの視点から考察することで、平和構築の営みのなかにある平和と暴力の関係の複眼化を試みたい。

一　平和構築のための暴力のジレンマ

1　コスモポリタン平和維持軍のジェンダー

冷戦終焉直後から市民らを標的とする武力紛争に対応するため、平和維持活動の改革への期待が国際政治学者の間でも高まった。メアリー・カルドーは国際人道法と国際人権法から成るコスモポリタン法の執行のための平和維持活動の強化を提唱し、トム・ウッドハウスらは文民保護という消極的平和と人間の安全保障という積極的平和の双方に対処する強力で恒久的なコスモポリタン平和維持軍の創設を試論した。[8]

このようなカント的見地からの平和維持活動の強化論は武力行使の目的と手続きの正当性に関心を向ける一方、戦争のために訓練された兵士が平和維持要員になる矛盾に注意を払ってこなかった。兵士は戦闘という過酷な任務に耐えうる「本物の戦士」としての強靱な心身を持つことを要求されるが、その過剰な男性性は自然な気質などではなく、彼らの内面にある女性性の否定により人為的に形成されることがジェンダー研究により明らかとなった。(9) その軍事化された男性性は訓練や任務から日常生活に至るまで、男性性を欠くとされる他者（女性、非異性愛者、人種的・民族的マイノリティなど）への蔑視に基づく差別的発言や攻撃的態度により培われ、それらの言動の反復により兵士のアイデンティティとして維持される。フェミニスト国際関係論を専門とするサンドラ・ウィットワースが指摘するように、それは平和維持要員による市民への性的な搾取と虐待の一因ともなる。(10) とくに欧米から旧植民地国に派遣される場合、そのような行為は「植民地主義的暴力」として理解すべきとの指摘もある。フェミニストとして人種問題と暴力の関係を批判的に研究するシュレン・ラザックによれば、〈文明国／非文明国〉の階層的関係はジェンダー化と同時に人種化されており、両者の非対称性は現代の平和維持活動にも引き継がれる。(11) すなわち、平和維持要員の男性性は力強く優れているとされるが、その優越性の証明は交戦する武装勢力だけでなく、差別や暴力を受ける非白人の市民の身体も必要とする。

フェミニスト理論とジェンダー研究の観点からアニカ・クロンセルは、現代の民主的な価値観とは相容れないそのような男性性から平和維持活動を切り離すべきであると主張し、彼女が「ポストナショナル・ディフェンス」と呼ぶスウェーデンの事例に注目する。ポストナショナル・ディフェンスとは、領土防衛よりも人権の名において遠くの他者の救援に注意を払い、民主主義や法の支配などの市民的規範を反映する軍隊を持つことを意味する。(12) 二〇〇二年に就任した女性初の防衛大臣レニ・ビョルクルンドの下、スウェーデン軍は、女性、ＬＧＢＴの人々、移民への差別の撤廃を含む多文化社会を反映する改革を実行する。異性愛男性以外の軍隊への包摂は、人口構成を民主的に反映し、平等という法の支配を貫徹させ、ジェンダーと民族的な多様性を国際ミッションに役立つリソースとすることで正当化される⑬。その変化のなか平和維持要員となる男性には、ジェンダー平等を掲げる進歩的社会を代表して育児と家事に参加し、そのような政治を支持する新たな男性性を持つことが期待される⑭。

だが、クロンセルは次のようなポストナショナル・ディフェンスが抱えるジレンマも指摘する。スウェーデン軍による多様性への配慮は、軍の組織改革を根底から促すわけではなく、「異性愛男性が「真の」保護者であるという考えを放棄する⑮」までに至っていない。たとえば、軍のパンフレットは前述の改革に触れず、男性兵士、兵器、国旗というお馴染みの写真で依然占められたままである。すなわち、遠くの他者の救援にも暴力の行使が不可避であり、平和維持活動と軍事化された男性性を完全には切り離すことができない。したがって、「コスモポリタン有志の軍隊は、暴力をいかに、いつ、どこで行使しうるかに関する困難なジレンマを抱えることになる⑯」。

２　「平和」のための武力行使の拡大

前述のジレンマは、冷戦後の平和維持活動をめぐる議論にも見て取れる。一九九四年のルワンダにおいて平和維持軍が虐殺を傍観したことを反省し、二〇〇〇年の『国連平和活動検討パネル報告（ブラヒミ報告）』は、その悲劇を繰り返さないための抑止力となれる重武装の必要性を提言した。その報告によれば、すべての紛争当事者が和平プロセスを受け入れるとは限らず、議論を引き延ばす間に自らの勢力を立て直そうとするものもいる⑰。それゆえ、平和維持活動は和平プロセスの転覆を図る「スポイラー」に対処すべきであり⑱、その三原則を維持しつつも、不偏性は中立性と異なり、すべての紛争当事者を常に平等に扱うことを意味しないとの解釈が示された⑲。

これを踏まえ、二〇〇八年の『国連平和維持活動――原則と指針（キャプストン・ドクトリン）』は、不偏性の原則を次のように整理する。「和平プロセスに明らかに反する行為に直面した場合、当事者に対して公平である必要性が不作為の言い訳になってはならない。良き審判が公平でありながら、違反行為には罰則を科すのと同様、和平プロセスの事業あるいは国連平和維持活動が支持する国際的な規範と原則に反する当事者による行為を見逃してはならない」[20]。言うまでもなく、その罰則には武力行使も含まれる。平和を再建する支援が妨害される事態や文民が危害を加えられる事態に対して、国連安全保障理事会が「あらゆる必要な手段」を行使できる「強力な」マンデートを与えてきた実績が強調される。その武力行使が結果として治安状況の改善をもたらし、平和構築に継続的に取り組める環境づくりに役立つことも成果として言及される[21]。

このように武力紛争の再発抑止のため三原則が見直されてきたが、国連は既存の地域秩序にも変更を迫ろうとする過激派集団の台頭という新たな課題に直面する。二〇一五年の『平和のためのわれわれの力の統合――政治、パートナーシップ、人民』は、「国連平和活動に今日求められるものと届けられるものとの間には明らかな拡大するギャップがある[22]」と現状を憂慮する。その求められるものの一つが過激派集団への対応である。その活動は、テロリズム、資金調達目的の誘拐や人身取引、人道支援組織や国連の職員に対する襲撃など様々だが、そのつかみどころのなさが、市民を不安に陥れ、政府を揺さぶり、平和構築の実施にも支障をきたすことになる。その文書によれば、平和維持軍はその討伐のための対テロ作戦に関与する軍隊との棲み分けを明確にするべきとしながらも、過激派集団への対応に必要となる能力と訓練が平和維持要員に提供されるべきであると提言する[23]。

さらに国連が過激派集団を無視できない理由として、平和維持要員も攻撃の標的となる現実がある。二〇一七年の『国連平和維持要員の安全改善に関する報告(クルーズ報告)』によれば、一九四八年の平和維持活動の創設から二〇一七年までの戦闘による犠牲者は九四三人だが、そのうち一九五人(二〇・六%)が二〇一一年以降のわずか六年ほどの間での数である。しかも増加傾向にあり、MINUSMAを含むアフリカでのミッションにおける犠牲者がそのほとんどを占める[24]。その要因として、平和維持要員が、銃撃、即席爆破装置、待ち伏せ攻撃などにさらされているにもかかわらず㉕、国連も加盟国も伝統的な平和維持活動の認識から抜け出ていない点が挙げられる。その認識を変えない限り、武装勢力に攻撃を仕掛けやすい時間と場所への移動の自由を許し、平和維持要員を受身にまわらざるを得ない状況に置き続けることになると指摘する。㉖

『クルーズ報告』は、ブルーヘルメットがもはや安全の提供ではなく、むしろ攻撃の標的となる現実に基づき、三原則を改めて見直し、前述のような襲撃を先取りする対策の必要性を強く訴える。㉗その犠牲者数を減少させる対策とは、誰がいつどこで攻撃を仕掛けるかという情報とその攻撃に対処できる装備を取りそろえることにある。まず装備の一部として、「適切な車両、狙撃手用特殊ライフル、特殊弾薬、夜間作戦用の暗視能力、レーザー照準」の必要性が唱えられる。㉘次に情報について、平和構築を受け入れるホスト国の軍隊や並行して活動する他の軍隊と情報を共有できる協力関係を築き、地元の情報提供者に頼るだけでなく、ミッションの環境に合わせて大小のドローンを配備することなどが推奨される。㉙これらの提言は、武力紛争の再発抑止という役割を超えて、対テロ作戦への備えを求める内容になっている。次節では、MINUSMAへのUAVの配備を中心に、平和維持活動の変容する姿を描出する。

二　テクノロジーの進化による平和維持活動の変容

1　対テロ作戦と並走するMINUSMA

二〇一三年に設立されたMINUSMAでは、二〇二〇年一月までのおよそ七年間で死者数は二〇八人にのぼり、そのうち一八六人を兵士が占める。㉚たとえば、二〇一九年一月に一〇人のチャド兵が宿営地への攻撃で、その五日後にもバングラデシュ兵二人が路上の爆破装置で死亡した。㉛このようにMINUSMAが最も危険なミッションとなった理由は、その設立の経緯にある。

ＭＩＮＵＳＭＡの主なマンデートは、安全保障部門の再建、武装解除・動員解除・社会復帰のプログラムの提供、大統領選挙と議会選挙の実施に向けた支援、人権の促進と保護などとともに、マリの安定化、とくに北部への武装勢力の再来の防止に重点を置く。[32]そこで対峙する複数の過激派集団との戦いは、ＭＩＮＵＳＭＡ設立以前から始まる。二〇一二年から分離独立の動きやクーデターに揺れるマリで、首都バマコのあるマリ南部への過激派集団による侵攻を止めるため、二〇一三年一月から旧宗主国フランスがサヘル地域の安定化を目的に軍事作戦(Operation Serval〔二〇一三―二〇一四年〕)を展開する。治安状況の改善後、ＭＩＮＵＳＭＡが設立されたが、マリ北部での過激派集団の活動は収束せず、フランス軍の軍事作戦(Operation Barkhane〔二〇一四年―現在〕)は継続する。その成否がマリの安定化を左右することから、国連安保理決議二一〇〇は、ＭＩＮＵＳＭＡだけでなくフランス軍にもあらゆる必要な措置の行使を認める。[33]したがって、平和維持要員が過激派集団による攻撃の標的となるリスクは、その設立当初から高いものにならざるを得なかった。

ＭＩＮＵＳＭＡの平和維持軍は、バングラデシュやマリの隣国チャドなど途上国を中心としながらも、二〇二〇年一月時点で、ドイツ(三五四人)、スウェーデン(二一八人)、ルーマニア(一一九人)、デンマーク(六一人)、ベルギー(三五人)、アイルランド(一〇人)、ノルウェー(九人)、オランダ(二人)、スイス(二人)から構成される。[34]例外的ともいえる欧州諸国の積極的な派兵の背景には、二〇一〇年末からのアラブの春以降、北アフリカの不安定化がＥＵの安全保障問題として浮上したことがある。平和維持活動に派兵する各国の動機は、国連が掲げる価値への賛同からだけではなく、経済的あるいは政治的事情からも生じる。国連から平和維持要員に支払われる給与を外貨獲得の手段と見なす政府が途上国を中心に存在する一方、武力紛争から逃れてくる難民の自国への流入を防ぐ国境管理の手段と見なす政府も存在する。[35]欧州を目指して地中海を越える人流への対応と国内でのテロ事件への対応を同時に迫られる欧州諸国は、サヘル地域の国々への支援に乗り出し、[36]ＭＩＮＵＳＭＡへの派兵以外にも、テロ、密輸、人身取引などに関与する組織に対抗するため、二〇一三年二月からマリ軍に通常の軍事訓練に加え対テロ作戦の技術も提供する「ＥＵトレーニング・ミッション」を開始する(37)。

また、ＭＩＮＵＳＭＡへの欧州諸国の関与は、同盟国アメリカとの「負担共有」という側面もある(38)。アフリカの過激派集団の取り締まりはブッシュ政権からの課題であり、「世界の警察官」の肩書を返上したいオバマ政権もアフリカ諸国への軍事支援を継続しつつ、フランスの軍事作戦も支援してきた。直接的な派兵を見送るなか、バラク・オバマ大統領は二〇一五年九月二八日に開催された国連平和維持サミットで議長を務めるなど、過激派集団を含む新たな脅威に立ち向かえるよう平和維持活動の改革を主導した(39)。十分な訓練を受け、十分な装備を持つ平和維持要員が不足する状況の改善が出席した加盟国に要請された。

2　無人航空機配備の効果と副作用

ＭＩＮＵＳＭＡにおいて、欧州諸国は軍隊を派遣する貢献国(Troop Contributing Countries: TCCs)としてだけでなく、技術貢献国(Technology Contributing Countries: TechCCs)としての役割も期待される。技術貢献国とは、ＵＡＶ、衛星画像、レーダーなどの提供を通じて、国連平和維持の技術革新に関する専門家パネルが提唱する「インテリジェンス主導の平和維持」に貢献する国を指す(40)。もちろん、機体や設備だけでなく、それらの運用経験のあるスタッフも合わせてである。ＭＩＮＵＳＭＡのＵＡＶは、オランダ、スウェーデン、ドイツが配備したものだが、それらはアフガニスタンでの国際治安支援部隊(International Security Assistance Force: ISAF)で使用していたものである(41)。たとえば、スウェーデンは二〇一五年から小型軽量の二機とともに、七時間連続飛行と一二五キロの遠距離から映像が伝達可能な大型一機を、操縦士、センサー・オペレーター、分析官らも合わせて配備する(42)。

赤外線カメラを搭載したＵＡＶは、それまで昼間に制限されていた上空からの監視を夜間にまで拡大させ、森林などの見えにくい場所での武装勢力の動向も察知可能にする。[43] とくにマリ北部は、過激派集団が越境を繰り返す長距離の国境を含む広大な砂漠地帯であることから、UAVはその範囲のカヴァーも見込まれる。その監視の意図は、不確実性の高い環境下でも、過激派集団の位置、意図、戦力などを把握することで、予防策を講じるためである。[44] その効果についてエルベ・ラドスース国連平和維持担当事務次長は、顔も視認できるリアルタイムの写真提供が待ち伏せや襲撃の警告を可能にし、「われわれは今や地上で起きることと先を見越して介入する方法や緩和する方法についての知識を持つ[45]」と自信をのぞかせる。この発言を『クルーズ報告』に照らせば、UAVの配備はその技術的優位性を活かすことで、攻撃に対して受身にまわる「防御姿勢」から攻撃の芽を事前に摘み取る「積極姿勢」への戦術的転換を可能にする。[46] マリはその実践の場であり、MINUSMAのガオ地域事務所長モハメド・エル＝アミン・スエフも、「テロリストがわれわれを攻撃する前に、われわれはテロリストがいる場所で彼らを攻撃できるようにする必要がある[47]」と説明する。その点で、欧州諸国は過激派集団との戦闘にも即応できるよう、輸送ヘリコプターだけでなく武装ヘリコプターと特殊部隊も派遣する。[48]

UAVへの期待の声が平和維持活動の関係者から聞こえる反面、その副作用も指摘される。前述の通り、EUの関与が同盟国の負担共有により促されるとすれば、平和維持活動がアメリカの下請け組織と見なされ、平和構築にも悪影響を及ぼす恐れが生じる。この点について、ノルウェー国際問題研究所「平和、紛争、開発の研究グループ」班長のジョン・カールスラッドは、平和構築から対テロ作戦へと軸足を移すMINUSMAなどの安定化ミッションが、武力紛争の根源的な原因を取り除くよりも、紛争当事者となって治安状況をむしろ悪化させ、さらにその作戦に協力するホスト国の政府の汚職や人権侵害にまで目をつぶるようになる事態を懸念する。[49] 過激派集団からすれば、平和維持軍は「十字軍の占領部隊[50]」であり、フランス軍と識別不可能な紛争当事者である。実際、両軍は様々な面で連携しており、たとえばMINUSMAに参加するドイツとオランダのヘリコプター部隊はフランスとの二国間協定によりフランス軍の部隊を輸送する。[51] インテリジェンスの面でも、国連安全保障理事会はフランス軍との間だけでなく、二〇一七年からサヘル地域の安全を確立するために対テロ作戦に加わったブルキナファソ、チャド、モーリタニア、ニジェール、そしてマリの五カ国の統合軍「G5サヘル合同部隊（Force conjointe du G5 Sahel: FC-G5S）」とMINUSMAとの間でも情報共有を承認する。フランス軍の軍事作戦と同様、その地域的な努力がマリの安定化というMINUSMAのマンデートを結果的に促進すると見なされるからである。[52]

このように対テロ作戦の成功が平和構築の実施に必要であるとされるなか、マリで活動する人道援助組織は、過激派集団だけではなく平和維持軍の動きにも神経をとがらせなければならなくなる。紛争当事者と見なされる軍隊との関係が組織としての政治的中立性を脅かしかねず、さらには支援の対象となる市民を巻き込む恐れもあるからである。[53] そうしたリスクを回避するために、市民から入手した情報をやむなくMINUSMAに共有しない選択肢を取らざるを得ないなど、[54] 平和構築を担う文民アクターとの連携にも影響が及んでいる。

3　ジェンダーの視点から見たインテリジェンスと暴力の連動

平和維持活動へのUAVの配備に対する懸念の声は、中国とロシア、さらに途上国からも上がった。ルワンダ国連大使ウジェーヌ・リチャード・ガサナは、国連安全保障理事会で「平和維持活動を好戦的な軍隊へと変容させるリスク」[55] に言及した。この懸念の背景には、アメリカによる対テロ作戦でのドローンの軍事利用がある。過激派集団の要人をミサイルを搭載したドローンで空爆する標的殺害は、その手法に加え誤爆による市民への被害や主権の侵害についても批判を招いた。それゆえ、国連本部は非武装を強調するUAVという名称を用いることや、使用目的を文民や平和維持要員を守るための写真撮影に限定することなど、アメリカとの差別化に苦慮してきた。[56]

だが、ジェンダーの視点から見ると、UAVの配備はアメリカ兵以上に平和維持要員に軍事化された男性性を求めるようになる。アメリカ側の標的殺害の意図は人的コスト削減にある。アフガニスタンやパキスタンの上空を飛ぶドローンは本土の基地から操縦されるため、その空爆の現場に兵士の姿はない。それまで最前線での死と隣り合わせの戦闘体験が兵士として最も称賛され、兵站などの後方活動は軍事化された男性性の序列の下位に置かれてきた[57]。戦場からの距離と生死を賭した戦闘体験という基準に照らすと、アメリカ国内にある安全で快適な基地を勤務地とするパイロットは称賛の対象となりえない。ところが、彼らは伝統的な意味での「本物の戦士」になり損なうものの、戦果と勲章をより多く得る機会を持つようになる。

こうしたドローンの軍事利用はジェンダーを戦争から切り離すのではなく、二つの次元で更新し継続させる。まず、ひとつは身体の次元である。兵士はドローンに取って代わられるわけではなく、その操縦桿を持つ側にまわる。ドローンの出現は兵士を虚弱にし、機械に依存させるのではなく、これまでにない高い攻撃力を備えた「スーパー・ソルジャー」へと変身させる[58]。一見するとゲームセンターに置かれたようなコックピットでは、過酷な戦闘に耐えうるフィジカルな強靭さをもはや求められることはない。代わりに、精神的な強靭さこそがドローン戦争で求められる軍事化された男性性となる[59]。たとえば、パイロットはスクリーンに映し出される地上の子細な動きに目を配り続け、誤爆を克服するタフさも持ち合わせなければならない。そして、もうひとつの次元は国家間関係である。技術的進化はドローンを持つ国と持たざる国の序列をジェンダー化する。前者のアメリカは標的を本土の基地から見下ろせる最先端の技術を見せつけ、その男性性を内外に誇示するのに対して、一方的に空爆される過激派集団に加え、主権を侵害される後者の国々も男性性を欠く存在として女性化される[60]。

アメリカと比較すると、平和維持活動へのＵＡＶの配備は人的コスト削減を動機とする点で同じであるものの、監視に特化された非武装であり、宿営地から遠隔操作を行うなど運用に違いが見られる。ジェンダーの視点からの特筆すべき違いは、ドローンがアメリカ兵を戦場から遠ざけるのに対して、ＵＡＶは過激派集団の所在を割り出し、平和維持要員を武力行使の場へと誘うことである。[61] UAVの配備を推奨する『クルーズ報告』は、「自分よりも強い相手を攻撃しようとする者はいない」という一文を冒頭に掲げ、「武力以外の言葉を理解しない」者たちに対して、「襲撃を思いとどまらせ、撃退し、襲撃者を倒すために、国連は武力行使を恐れる気持ちではなく、強くなる必要がある」と主張する。[62] 別言すれば、その理想はコスモポリタンというよりもむしろハイパーマスキュリンな平和維持軍の創設である。UAV自体は攻撃能力を持たずとも、平和維持軍の好戦性は明らかに向上する。[63] 武装ヘリコプターと特殊部隊、さらにフランス軍などにも情報共有がなされ、平和維持軍の好戦性は明らかに向上する。二〇二〇年に入っても治安状況が改善しないなか、スウェーデンは過激派集団に即応する新たな部隊をマリに派遣する。スウェーデン軍所属、MINUSMAの司令官デニス・ジレンスポーは、「より自信を持って行動し、より強力に対応できる」[64]とその増派を歓迎する。ドローン戦争下のアメリカ兵よりも国連旗下の平和維持要員にこそ、伝統的な意味での「本物の戦士」であることが求められるようになっている。

また、平和維持活動へのUAVの配備は国家間関係もジェンダー化する。前述したラドスース国連平和維持担当事務次長の言葉に看取される技術的優位性への自信は、その劣位に置かれた側の女性化を通じてアメリカと同様に国連およびEUを男性化する。昼夜関係なく上空を飛び回るUAVは、飛行せずとも常に見られているのではないかと平和維持要員の視線を監視対象者に内面化させる。国連コンゴ民主共和国安定化ミッション(the UN Organization Stabilization Mission in the Democratic Republic of the Congo: MONUSCO)の国連事務総長特別代表を務めたマーティン・コブラーは、「ドローンが飛んでいることをみなが知っている」とその「心理的効果」を強調する。[65] その二一世紀型パノプティコンは、UAVを持つ者と持たざる者との間に眼差しの非対称な関係を生み出す。しかも、それは過激派集団との間だけでなく、ホスト国を含む途上国との間にも生じる。UAVはその持ち込み国によって運用されるため、収集された情報の内容が国連の活動以外に利用されることへの懸念や、アフリカが欧米の最新技術の「実験場」になるこ

とへの懸念も生じさせるからである。(66)

おわりに

本章は、平和構築を支援する平和維持活動における救援と暴力のマネジメントについてＭＩＮＵＳＭＡを事例に検討してきた。第一節は、多様な役割を期待される現代の平和維持活動が抱えるジレンマについて論じた。市民をケアする任務も担うようになった平和維持要員だが、救援するべき市民に対する性的な搾取や虐待などの発覚により、他者への共感よりも憎悪を基調とする軍事化された男性性という兵士としてのアイデンティティに批判の目が向けられた。ジェンダー平等が国連の関与するすべての分野で目指されるようになった今日、その再発防止に向けた訓練の実施や女性の平和維持要員の増員が推奨されてはいる。しかし、過激派集団という新たな脅威に対応するうえで、武力行使の制限緩和と装備の追加とともに好戦的な戦術への転換を求める近年の議論は、むしろ彼らの軍事化された男性性を強く鼓舞する内容となっている。

第二節は、ＭＩＮＵＳＭＡに配備されたＵＡＶの効果と副作用を検討したうえで、インテリジェンスと軍事化された男性性の関係について考察した。欧州諸国によるＭＩＮＵＳＭＡへの派兵は、一九九〇年代に頻発した内戦に対応するコスモポリタン平和維持軍の創設への期待に適うようにも見える。しかし、当時とは異なり、その派兵先で対応を迫られるものは民族間の対立よりも過激派集団による襲撃であり、派兵の動機も普遍的人権の保護というコスモポリタニズムよりもＥＵの安全保障や同盟国間の負担共有というリアリズムからむしろ生じる。その文脈におけるＵＡＶによる上空からの監視は、過激派集団を標的に地上で行使される暴力の効果を最大限引き出すための情報収集を目的とする。標的殺害において直接的な戦闘の機会を失うアメリカ兵よりも、国連による平和維持活動に参加する兵士にこそ伝統的な意味での「本物の戦士」となる機会が用意される。

テクノロジーの進化は戦争の形を変えてきたが、いまや平和維持活動の形も変えようとしている。冷戦期、最小限の武力行使が仲裁者としての国連の信頼の拠り所とされ、平和維持要員はむしろ兵士として振る舞わないことを評価された。しかし、今日目指されるものは、襲撃を企てる意思を相手に持たせないほどのハイパーマスキュリンな平和維持軍の創設である。その救援と暴力のマネジメントが技術的優位性を梃子に更新される一方、変わらぬことがあるとすれば、それは〈文明/野蛮〉という植民地時代から続く階層的関係であろう。平和構築の非協力者とは、国連と欧米諸国の信奉する価値を否定し、対話する言葉を持たず、武力で駆逐する以外にないとされる共存不可能な他者である。その討伐の最前線へと送り出されるポストナショナル・ディフェンスの軍隊において、ジェンダーや民族的な多様性、民主主義や法の支配などの市民的規範を体現する兵士は、その先進的な価値と彼らの男性性の優越性を証明するための植民地主義的暴力を行使する主体となる。

平和維持活動と対テロ作戦の境界線が曖昧となるマリで、二〇二〇年八月に再びクーデターが起こり[67]、翌年には八年にわたる軍事作戦で成果をあげられないフランス軍への反発が市民の間で広がりをみせている[68]。構築される平和とは誰のためのものなのか、その手段としての救援と暴力のマネジメントは適切なのか、改めて問われる事態に陥っている。

＊本章の執筆にあたり、貴重なご意見を頂いた上野友也先生(岐阜大学)と佐藤文香先生(一橋大学)に心より御礼を申し上げます。

(1)　United Nations, *United Nations Peacekeeping Operations: Principles and Guidelines* (*The Capstone Doctrine*), Department of Peacekeeping Operations and Department of Field Support, 18 January, 2008, p. 18.
(2)　United Nations, *Report of the Panel on United Nations Peace Operations* (*The Brahimi Report*), A/55/305-S/2000/809, 1 August.

2000, paras. 13–14, p. 3.

（3） United Nations, *The Capstone Doctrine*, p. 18.

（4） *Ibid.*, p. 31. マンデートとは、各ミッションに国連安全保障理事会が与える活動の目標、内容、権限などであり、武力紛争の性質や紛争当事者による合意の内容に応じて変化する。*Ibid.*, p. 16.

（5） United Nations, S/RES/2100, 25 April, 2013.

（6） United Nations, *Plan of Action to Prevent Violent Extremism*, Report of the Secretary-General, A/70/674, 24 December, 2015, para. 2, p. 1.

（7） Kevin Sieff, "The World's Most Dangerous U.N. Mission," *The Washington Post*, 17 February, 2017, https://www.washingtonpost.com/sf/world/2017/02/17/the-worlds-deadliest-u-n-peacekeeping-mission/（最終アクセス：二〇二〇年七月二〇日）

（8） メアリー・カルドー／山本武彦・渡部正樹訳『新戦争論――グローバル時代の組織的暴力』岩波書店、二〇〇三年、二〇五―二〇七、二二二―二二六頁（Mary Kaldor, *New and Old Wars: Organized Violence in a Global Era*, Stanford University Press, 1999）、Tom Woodhouse and Oliver Ramsbotham, "Cosmopolitan Peacekeeping and the Globalization of Security," *International Peacekeeping*, Vol. 12, Issue 2（2005）, pp. 139–156.

（9） Sandra Whitworth, *Men, Militarism and UN Peacekeeping: A Gendered Analysis*, Lynne Rienner Publishers, 2004, pp. 156–159, Joshua S. Goldstein, *War and Gender: How Gender Shapes the War and Vice Versa*, Cambridge University Press, 2001, pp. 264–267.

（10） Whitworth, *op. cit.*, pp. 16, 67–73, 159–166.

（11） Sherene H. Razack, *Dark Threats and White Knights: The Somalia Affair, Peacekeeping, and the New Imperialism*, University of Toronto Press, 2004, pp. 51–57.

（12） Annica Kronsell, *Gender, Sex, and the Postnational Defense: Militarism and Peacekeeping*, Oxford University Press, 2012, pp. 3, 13–14.

（13） *Ibid.*, pp. 63–68. 冷戦後、人道支援任務の増加、軍事技術の進化、軍隊に対する社会の認識の変容などに伴い、いくつかの先進国は民族紛争やテロなど新たな脅威に対応する「ポストモダン・ミリタリー」への改革を推進する。その改革の一環でもある文民、女性、ゲイの雇用は、スウェーデンに限った現象ではない。Charles C. Moskos, John Allen Williams and David R. Segal, *The Postmodern Military: Armed Forces after the Cold War*, Oxford University Press, 2000.

（14） Kronsell, *op. cit.*, p. 72.

（15） *Ibid.*, p. 67.

（16） *Ibid.*, pp. 85–86.

(17) United Nations, *The Brahimi Report*, para. 48, p. 9.
(18) *Ibid.*, paras. 20–21, p. 4.
(19) *Ibid.*, para. 50, p. 9. 不偏性の解釈は次を参照。篠田英朗「国連ＰＫＯにおける「不偏性」原則と国際社会の秩序意識の転換」『広島平和科学』三六巻、二〇一五年、二五—三七頁。
(20) United Nations, *The Capstone Doctrine*, p. 33.
(21) *Ibid.*, p. 34.
(22) United Nations, *Uniting Our Strengths for Peace: Politics, Partnership and People*, Report of the High-Level Independent Panel on United Nations Peace Operations, 16 June, 2015, p. vii.
(23) *Ibid.*, paras. 116–117, 120, pp. 31, 34.
(24) United Nations, *Improving Security of United Nations Peacekeepers: We Need to Change the Way We Are Doing Business* (*The Cruz Report*), 19 December, 2017, p. 5.
(25) *Ibid.*, pp. 6–7.
(26) *Ibid.*, p. 11.
(27) *Ibid.*, p. 10.
(28) *Ibid.*, p. 14.
(29) *Ibid.*, pp. 27–29.
(30) United Nations Peacekeeping, "(3) Fatalities by Mission and Appointment Type", 31 January, 2020, https://peacekeeping.un.org/sites/default/files/stats_by_mission_appointment_type_3_36.pdf(最終アクセス：二〇二〇年七月二〇日)
(31) United Nations, "UN Chief of Peace Operations Honours Fallen Chadian 'Blue Helmets' Serving in Northern Mali", *UN News*, 28 January, 2019, https://news.un.org/en/story/2019/01/1031472(最終アクセス：二〇二〇年七月二〇日)
(32) United Nations, S/RES/2100, 25 April, 2013, para. 16, pp. 7–8.
(33) *Ibid.*, paras. 17–18, p. 9.
(34) United Nations Peacekeeping, "Troop and Police Contributors", 2020, https://peacekeeping.un.org/en/troop-and-police-contributors(最終アクセス：二〇二〇年七月二〇日)
(35) Gray Uzonyi, "Refugee Flows and State Contributions to Post-Cold War UN Peacekeeping Missions", *Journal of Peace Research*, Vol. 52, Issue 6 (2015), pp. 743–757.
(36) European Union External Action Service, *Strategy for Security and Development in the Sahel*, 2011, https://eeas.europa.eu/sites/

eeas/files/strategy_for_security_and_development_in_the_sahel_en_1.pdf(最終アクセス：二〇二〇年七月二〇日)

(37) 詳細はEUトレーニング・ミッションのホームページ(https://eutmmali.eu)を参照(最終アクセス：二〇二〇年七月二〇日)。

(38) John Karlsrud, "For the Greater Good?: 'Good States' Turning UN Peacekeeping towards Counterterrorism", *International Journal*, Vol. 74, Issue 1(2019), pp. 75-77.

(39) The White House, "Remarks by the President Obama at U.N. Peacekeeping Summit", 28 September, 2015, https://obamawhitehouse.archives.gov/the-press-office/2015/09/28/remarks-president-obama-un-peacekeeping-summit(最終アクセス：二〇二〇年七月二〇日)

(40) Expert Panel on Technology and Innovation in UN Peacekeeping, *Performance Peacekeeping: Final Report of the Expert Panel on Technology and Innovation in UN Peacekeeping*, 22 December, 2015, p. 4.

(41) A. Walter Dorn and Stewart Webb, "Eyes in the Sky for Peacekeeping: The Emergence of UAVs in UN Operations", *Intelligence and National Security*, Vol. 32, Issue 4(2017), pp. 415-416.

(42) defence Web 2015, "Sweden Deploys Eagle UAV with UN Peacekeeping Operation in Mali", 15 May, 2015, https://www.defenceweb.co.za/aerospace/aerospace-aerospace/sweden-deploys-eagle-UAV-with-un-peacekeeping-operation-in-mali/(最終アクセス：二〇二〇年七月二〇日)

(43) Colum Lynch, "U.N. Wants to Use Drones for Peacekeeping Missions", *The Washington Post*, 8 January, 2013, https://www.washingtonpost.com/world/national-security/un-seeks-drones-for-peacekeeping-missions/2013/01/08/39575660-599e-11e2-88d0-c4cf65c3ad15_story.html(最終アクセス：二〇二〇年七月二〇日)

(44) Allard Duursma, "Information Processing Challenges in Peacekeeping Operations: A Case Study on Peacekeeping Information Collection Efforts in Mali", *International Peacekeeping*, Vol. 25, Issue 3(2018), pp. 453-454.

(45) Masimba Tafirenyika, "Drones Are Effective in Protecting Civilians", *Africa Renewal*, April, 2016, https://www.un.org/africarenewal/magazine/april-2016/drones-are-effective-protecting-civilians(最終アクセス：二〇二〇年七月二〇日)

(46) United Nations, *The Cruz Report*, pp. 10-11.

(47) Sieff, *op. cit.*

(48) Sebastiaan Rietjens and Chiara Ruffa, "Understanding Coherence in UN Peacekeeping: A Conceptual Framework", *International Peacekeeping*, Vol. 26, Issue 4(2018), pp. 391, 395, Karlsrud, "For the Greater Good?", pp. 71-72.

(49) John Karlsrud, "From Liberal Peacebuilding to Stabilization and Counterterrorism", *International Peacekeeping*, Vol. 26, Issue 1(2019), pp. 7, 14-16.

（50） Sieff, *op. cit.*

（51） Karlsrud, "For the Greater Good?", p. 73.

（52） United Nations, S/RES/2359, 21 June, 2017.

（53） Rietjens and Ruffa, *op. cit.*, pp. 396-397, Dorn and Webb, *op. cit.*, p. 415. たとえば、赤十字国際委員会は平和維持活動が紛争当事者となるミッションの変化とともに、文民保護の名の下での武力行使が市民を巻き添えにする事態に懸念を表明する。International Committee of the Red Cross, "Peacekeeping Operations: ICRC Statement to the United Nations, 2018", 2 November, 2018, https://www.icrc.org/en/document/statement-icrc-united-nations-general-assembly-peacekeeping-operations（最終アクセス：二〇二一年三月二〇日）

（54） Duursma, *op. cit.*, p. 455.

（55） Lynch, *op. cit.*

（56） Dorn and Webb, *op. cit.*, p. 413. Somini Sengupta, "Unarmed Drones Aid U.N. Peacekeeping Missions in Africa", *The New York Times*, 2 July, 2014, https://www.nytimes.com/2014/07/03/world/africa/unarmed-drones-aid-un-peacekeepers-in-africa.html（最終アクセス：二〇二〇年七月二〇日）

（57） Cara Daggett, "Drone Disorientations: How 'Unmanned' Weapons Queer the Experience of Killing in War", *International Feminist Journal of Politics*, Vol. 17, Issue 3(2015), pp. 365, 368-369.

（58） Mary Manjikian, "Becoming Unmanned: The Gendering of Lethal Autonomous Warfare Technology", *International Feminist Journal of Politics*, Vol. 16, Issue 1(2014), pp. 56-57.

（59） Lorraine Bayard de Volo, "Unmanned? Gender Recalibrations and the Rise of Drone Warfare", *Politics and Gender*, Vol. 12, Issue 1(2016), pp. 56-57.

（60） *Ibid.*, pp. 52, 57-58, 63, Manjikian, *op. cit.*, p. 53.

（61） John Karlsrud and Frederik Rosén, "In the Eye of the Beholder? The UN and the Use of Drones to Protect Civilians", *Stability: International Journal of Security & Development*, Vol. 2, Issue 2(2013), pp. 4-5.

（62） United Nations, *The Cruz Report*, Executive Summary.

（63） 国連安保理決議二四二三でもフランス軍とＦＣ－Ｇ５Ｓとの情報共有が確認され、非対称な脅威からの文民保護を目的に強力で積極的な措置を取れるようＭＩＮＵＳＭＡの能力強化に言及する。United Nations, S/RES/2423, (d)(ii), pp. 11-12, para. 41, p. 13, 28 June, 2018.

（64） Henrik Lundqvist Rådmark, "Minusma Tightens its Grip on Mali", *Swedish Armed Forces*, 6 July, 2020, https://www.forsvars

makten.se/en/news/2020/07/minusma-tightens-its-grip-on-mali/(最終アクセス：二〇二〇年七月二〇日)

(65) Sengupta, *op. cit.* ＭＯＮＵＳＣＯは国連の管理下でＵＡＶを配備した初の平和維持活動であり、そこで武装勢力の無力化に貢献した実績がＭＩＮＵＳＭＡへの配備を促した。A. Walter Dorn, *Smart Peacekeeping: Toward Tech-Enabled UN Operations*, Providing for Peacekeeping, No. 13, July 2016, International Peace Institute, pp. 6-7, https://www.ipinst.org/wp-content/uploads/2016/07/IPI-Rpt-Smart-PeacekeepingFinal.pdf(最終アクセス：二〇二〇年七月二〇日)

(66) Lynch, *op. cit.*

(67) 二〇二〇年八月一八日にマリの首都バマコでクーデターが発生した。一部の国軍の蜂起は国連や欧米諸国により非難される一方、市民の多くから支持を得た。その反応の違いは、当時のイブラヒム・ブバカル・ケイタ大統領が対テロ作戦に協力的でも、汚職の摘発や公正な議会選挙の実施を要求する市民の声に耳を傾けず、抗議する市民に対して武力弾圧を行うなどしたことから生じたとの報道がある。Ruth Maclean, "Mali Appoints New President after Military Coup", *The New York Times*, 21 September, 2020, https://www.nytimes.com/2020/09/21/world/africa/mali-president-coup.html(最終アクセス：二〇二一年三月二九日)

(68) Reuters Staff, "Malian Police Disperse Protest against French Military Presence", *Reuters*, 21 January, 2021, https://www.reuters.com/article/uk-mali-security-france-idUSKBN29Q0SG(最終アクセス：二〇二一年三月二九日)

第８章　反暴力の現在
――ポスト冷戦・「新しい戦争」・ネオリベラリズムのなかの日本の反戦・平和運動

大野光明

はじめに

いま、日本の反戦・平和運動[1]は大きな転換期にある。運動の基盤となってきたアジア・太平洋戦争の経験と記憶は、七六年の時間の流れにより「風化」が進んできたといわれる。また、二一世紀に入り、戦争のありかた自体も大きく変容してきた。本稿で検討するように、二〇〇一年のアメリカでの同時多発テロ（以下、9・11）とその後の「対テロ戦争」はこれまでの戦争と異なる特徴をもち、新たなかたちで日本社会とそこに生きる私たちの思考や身体を組み込みながら進行してきた。この新たな形態の戦争はネオリベラリズムと密接にかかわり、社会のなかに遍在するいくつもの暴力とともに、私たちを規定している。

日本社会と戦争自体が大きく変わるなかで、戦争に抵抗するとはいかなる営みをさすのか。本稿では、9・11以降の日本における反戦・平和運動を事例に、運動の位置と困難、課題と可能性を考察する。

まず、第一節では冷戦終結以降の日本社会と戦争の変化を整理する。なかでも、その変化を狭義の政治や安全保障論の範囲にとどめず、ネオリベラリズムという社会・経済的な領域を視野に入れて考える。その上で第二節では、日本におけるイラク反戦運動の特徴とそのさなかで浮上した運動の組み立て方をめぐる対立をとりあげ、運動が直面した課題とその背景を考える。そして、第三節では暴力・非暴力・反暴力という概念を整理し、反暴力の重要性を確認した上で、沖縄における反基地運動をその具体例としてとりあげ、分析する。これらの作業によって、現代社会における反戦・平和運動の課題と可能性を提起できればと思う。

一　冷戦終結後の日本社会と「新しい戦争」

1　脱冷戦の失敗と軍事化の進展

日本社会の反戦の世論と思想、運動を形作ってきたのは、いうまでもなくアジア・太平洋戦争の経験である。だが、一九八〇年代末から九〇年代初頭の冷戦終結とグローバル化の急速な進展は、「あの戦争」に関する歴史認識に大きな影響を与え、反戦・平和運動の基盤を掘り崩していった。

アジアでは冷戦体制のもとで抑圧されてきた民衆の声、なかでも植民地責任や戦争責任を問う声が大きくあがり始めた。特に大きな課題となったのは日本軍性奴隷制、いわゆる日本軍「慰安婦」問題であった。国境を越えた市民の連帯の積み重ねのなかで、当事者たちの証言を聞き、応答することが模索された。また、「あの戦争」を問い直す作業は日本の近代全体をも照射し、国民国家形成の過程で併合された沖縄やアイヌの人びと、在日コリアンなどの民族的マイノリティをめぐる差別の歴史に向き合う機運をも広げた。さらに、ソ連に対抗する軍事同盟としての日米安保体制の存在意義が問われ、沖縄を中心とする在日米軍基地の整理・縮小の要求も高まった。

しかし、このように花開いた脱冷戦の営みは、日本において強いバックラッシュにみまわれる。その起点となった出来事の一つは、一九九〇年代後半以降の朝鮮民主主義人民共和国(以下、北朝鮮)によるミサイル開発と核保有問題、そして拉致問題をめぐる日本のナショナリズムの台頭である。北朝鮮脅威論と日本の被害者性を強調する言説が力を増し、アジアへの加害の歴史は急速に否認されるようになった。これにより、日本の脱冷戦の流れは抑圧された。ナショナリズムの成長はジェンダー平等の推進に対するバックラッシュとも重なり、「慰安婦」問題はその大きな焦点となった[2]。日本の責任を問う国内外の動きを「反日」というレッテルを貼り攻撃する歴史修正主義や性差別主義にもとづく言説が流通し、定着した。マッチョで軍事主義的なナショナリズムはこうして成長していった。

以上のような東アジアの国家間関係と日本社会の変化のもと、日米安保体制は強化され、自衛隊の機能も拡大していった。日米防衛協力のための指針（新ガイドライン）の決定（一九九七年）、自衛隊による米軍後方支援を可能とするテロ対策特別措置法の成立（二〇〇一年）、有事法制関連法の成立と中期防衛力整備計画における自衛隊海外派遣の本来任務化（二〇〇三―二〇〇四年）、そして集団的自衛権を認めた安全保障関連法の成立（二〇一五年）まで、約二〇年間の動きは脱冷戦の否認と、後述する「対テロ戦争」への積極的参加を象徴するものである。このような軍事主義的傾向は、外交や安全保障の分野にとどまらず、九〇年代の小林よしのりブームや嫌韓・嫌中本などの文化やメディアを含むかたちで浸透していった[3]。

脱冷戦を困難とさせるこのような日本社会の変化を軍事化という概念でとらえることができるだろう。シンシア・エンローによれば軍事化とは「何かが徐々に、制度としての軍隊や軍事主義的基準に統制されたり、依拠したり、そこからその価値をひきだしたりするようになっていくプロセス」（傍点は原文）である[4]。日本の軍事主義的な傾向の高まりは、文化やメディア、ジェンダー規範などの領域を巻き込みながら、排外主義や性差別主義にもとづく思考や感性を広げ、強めることと連動した。こうした日本社会の軍事化は東アジアにおける脱冷戦の試みを抑圧していった。

このように、アジア・太平洋戦争の「風化」、日本の脱冷戦の失敗、そしてナショナリズムの高揚と軍事化の進行のなかで、反戦・平和運動はその基盤を掘り崩されてきた。逆から言えば、運動はこれまで以上に重要な役割を担いうるのである。

2 「新しい戦争」の時代とネオリベラリズム

現代日本社会と戦争の関係を考える上で、戦争自体の変化をとらえる必要もある。「戦争が変わった」という指摘はこれまで多くの人によってなされてきた。冷戦終結後の湾岸戦争においてその傾向は明確となった。テレビゲームのように標的をピンポイントでとらえ爆撃するシーンがマスメディアにより配信されたように、戦争はリアリティを欠いたヴァーチャルなものとして表象された。だが、戦争の変化はメディア表象にとどまらない。

第一に、戦争の行為主体が変化した。主権国家間の対立にとどまらず、テロ組織のネットワークといった非国家アクターの影響力は増している。また、9・11への報復として進められた「対テロ戦争」では米軍から民間軍事会社への業務委託が注目され、戦争の民営化〔プライヴァタイゼーション〕という流れも顕著である。

第二に、戦争の時間的・空間的な限定性が大きく崩れた。「対テロ戦争」は宣戦布告から終戦合意までという時間的制約をもたず、戦時と平時という二項対立的な時間は意味をなさなくなった。日常的な諜報や監視、ポリシング〔取り締まり〕、都市の「美化」を進めるクリアランスなどが戦争の一環に組み込まれ、社会のさまざまな領域が永続的で無限定な新たな戦争の領野となった。そのため、国内の治安管理を目的とする警察活動と対外的な安全保障を担う軍事活動との境界線は曖昧となり、両者の活動は一体化し、不可分なものとなったのである[5]。

第三に、「新しい戦争」は幅広い領域を包み込み進行している。周知のとおり、ネグリとハートは〈帝国〉という新たな主権の形態――国民国家、超国家的・非国家的アクター、グローバル資本が構成するネットワーク上の権力とグローバルな秩序形態――を示した[6]。〈帝国〉において、ある領域内〔たとえばイラク国内〕で行われる戦争は、主権国家間の争いのようにみえて、そこに流れこみ戦闘をつくりだすグローバルな諸勢力の対立関係である。戦争は「グローバル内戦」として展開されている。

この「グローバル内戦」は軍事的対立にとどまらず、ネオリベラリズムが稼働する幅広い領域を含み込みながら進行している。[7]ネオリベラリズムはセキュリティの解体と強化のプロセスであることに注目しよう。すなわち、ネオリベラリズムは教育や医療などの福祉(ソーシャル・セキュリティ)の解体と強化のプロセスであることに注目しよう。

この「グローバル内戦」は軍事的対立にとどまらず、ネオリベラリズムが稼働する幅広い領域を含み込みながら進行している。[7]ネオリベラリズムはセキュリティの解体と強化のプロセスであることに注目しよう。すなわち、ネオリベラリズムは教育や医療などの福祉(ソーシャル・セキュリティ)の予算と公的制度を大きく縮減し解体する一方で、軍事や警察などのセキュリティ(治安と安全保障)にかかる予算と体制を増強してきた。また、労働組合などの中間団体や社会運動は経済成長を阻害する古い組織として批判され、日本では一九八〇年代後半から総評・社会党ブロックの解体が進んだ。こうしてネオリベラリズムは権威主義的な管理と抑圧を強め、国家や資本に対する人びとの闘争性や敵対性を除去してきた。この社会・経済的な変化のなかで、反戦・平和運動を含む社会運動は衰退させられてきたのである。[8]

アリエズとラッツァラートは「グローバル内戦」をこうしたネオリベラルな社会の再編成過程として考察している。「グローバル内戦」は「階級戦争、「マイノリティー」に対するネオコロニアルな戦争、女性に対する戦争、主体性の戦争、等々」のからまりあいとして遂行されている。[9]ネオリベラリズムは、多様な領域において人びとの命や権利を脅威にさらす。「新しい戦争」とはこのような暴力の遍在として展開されているのだ。

だが、「新しい戦争」は私たちに対して常に剝き出しの暴力や直接的な抑圧としてあるのではない。むしろ、「新しい戦争」は私たち一人一人の思考や身体にはたらきかけ、「戦争」に積極的に応じる主体となるように促す。たとえば、人びとは「安全・安心」を得るために、自ら進んで監視カメラを求める。「グローバル内戦」は、対外的な安全保障、国内の治安管理、そして福祉を解体するネオリベラルな権力作用を連動させ、人びとの「社会的生をもっとも全般的かつグローバルなレベルにおいて生産し変革する」生権力として、あらゆる領域を飲み込みながら作動しているのだ。[10]

この権力作用は次節でみるように反戦・平和運動内部にも貫通している。

では、この歴史的変化のなかで、日本の反戦・平和運動はどのような特質と可能性をもっているのだろうか。イラク反戦運動と沖縄の反基地運動を事例にこの点を考えたい。

二　イラク反戦運動における対立――焦点としての敵対性

1　政治・社会構造の変化と新たな参加者

まず、9・11からイラク戦争までの歴史的過程を確認しておこう。二〇〇一年の同時多発テロを受け、アメリカはそれを支持する国々とともに、アフガニスタンのアルカイダとタリバンに対する軍事攻撃を行った。日本政府はそれを支持し、自衛隊による米軍への後方支援を可能とするテロ対策特別措置法などの法案を成立させた。また、同年一一月の首都カブールの制圧後の戦後「復興」にも日本政府は積極的に参加した。

さらに翌二〇〇二年一月、アメリカのブッシュ大統領は北朝鮮、イラク、イランを「悪の枢軸」であると主張し、イラクをめぐっては大量破壊兵器が存在するとし、軍事攻撃の準備を進めていった。これに対して、軍事攻撃の中止を求める大規模なデモが世界各地で盛り上がりをみせた。二〇〇三年二月一五日には、世界約六〇カ国、六〇〇以上の都市で同時デモが行われ、一〇〇〇万人以上の参加者が集まった。日本においてもデモや抗議行動は国内各地に広がった。しかし、アメリカとイギリスは反対世論を押し切り、国連安全保障理事会による決議を経ることもなく、同年三月二〇日にイラクに対する軍事攻撃を開始する。四月九日のバグダッド制圧を経て、五月一日にブッシュ大統領は戦闘終結を宣言。日本政府はアメリカ政府の政策を一貫して支持し、同年一二月からは自衛隊を現地に「派兵」し、多国籍軍の物資・兵員などの輸送や「人道復興支援」活動を行った。(11)

それでは、日本のイラク反戦運動はどのような特徴をもっていたのだろうか。第一に、六〇年代以来ともいわれるデモ参加者の量的な拡大である。東京では二〇〇三年三月八日に四万人、開戦翌日の三月二一日には五万人を集めるなどデモは大きくなった⑫。大阪、名古屋、京都などの地方都市でも数千人規模のデモが行われている。

第二に、これまでデモや社会運動に参加していなかった人びとの参加がある。山本英弘の調査によれば、参加者の約半数は所属団体をもち、デモへの参加経験も豊富な層であったが、初めてデモや抗議に参加したと考えられる人の割合も約三割にのぼっている。その多くは「団体に依存しない個人単位の参加」だった⑬。

日本のイラク反戦デモを牽引したネットワークの一つに「World Peace Now」（以下、ＷＰＮ）がある。ＷＰＮは市民運動団体とＮＧＯの連合によって結成され、二〇〇三年一月一八日に最初のデモを行った。長年、原水禁運動や護憲運動に取り組んできた平和運動団体や労働組合が「実務面での支えや動員」を担い、「ピースボート」や「グリーンピース」などのＮＧＯ、そして「インターネットとメール、殊に携帯電話のそれを媒介」として集まった若者がデモを広げていった⑭。最初のデモの呼びかけ文にその特徴がよくあらわれている。

もう戦争はいらない。

力をあわせて、世界に平和を！

〔……〕

そのためには日ごろ、何らかの形で平和運動にたずさわっている人びとだけでなく、環境・人権・開発などさまざまな市民運動にたずさわっている人びと、あるいは何か今の状況はおかしいと感じている人びとなど、広範な人びとが共に行動する必要があるのではないでしょうか⑮。

ＷＰＮは「暴力、争いに代わるものを見つけるために」、「国境、民族、宗教、人種、思想、性別、年齢、言語、主義主張の壁を越え」た結集を呼びかけている⑯。なかでもＷＰＮの特徴は環境問題や開発問題などに取り組むＮＧＯの積極的参加にあった。呼びかけ団体の一つ「ピースボート」の吉岡達也は、この運動に参加した「デモ、集会などいわゆる平和運動と呼ばれる体験は皆無の人たち」、なかでも多くの「一〇代、二〇代の「若者」たち」について、阪神・淡路大震災以降のボランティア活動を担ってきた若者たちの系譜を確認できると指摘している。すなわち、「神戸ボランティア世代」は「九七年の対人地雷撤廃条約合意を機にブーム化した平和系NGOへと受け継がれ、二〇〇二年、アフガン支援に端を発した鈴木宗男問題を経てNGOの市民権向上現象へとつながってい」き、この流れが巨大なイラク反戦デモをつくりだしたと説明している[17]。

イラク反戦デモの三つ目の特徴は、デモの組み立て方の変化である。ベ平連などの運動の実務を担ってきた吉川勇一は、「著名人が呼びかけ、一般の人びとがそれに応ずるという関係」をイラク反戦デモが乗り越えていると指摘する。

六〇年安保闘争までは大規模な運動というのは、社会党・共産党といった野党勢力や、総評・中立労連といった大労組が中心になり、「動員」や「資金」も担うのが前提となっていましたし、六〇年代後半のベトナム反戦市民運動にしても、最初は一般の市民の集まりといいながらも、学者、作家、芸術家といった著名知識人がよびかけ、こんな人たちが呼びかけてんだからいいんじゃないのと、一般の人びとが出てくるということでした。しかし今回は全然そうではない。社会党も総評もすでになく、「動員」の中心になる既成の勢力は存在していませんでした。〔……〕今はそれぞれの地域で自発的な行動がどんどん始まっている。都道府県単位ですらなく、東京で言えば、世田谷で、三鷹で、西東京で、立川でという単位で人びとはすぐ動くわけですね[18]。

この変化の背景には、第一節で述べた日本の政治・社会構造の歴史的な変化、すなわち戦後革新勢力と社会運動の衰退がある。運動の中心を担ってきたこれらの運動と組織、そして知識人の影響力は相対的に低下し、それにかわる環境・開発系のNGOの成長、運動経験の浅い人びととの参加によって、反戦の受け皿が形成されてきたといえるだろう。

２　イラク反戦運動の抱えた対立と課題

デモ参加者の拡大は反戦運動の作風や方法をめぐる対立をつくりだした[19]。

ＷＰＮにおける中心的な役割を担ったグループの一つに「ＣＨＡＮＣＥ！」がある。「ＣＨＡＮＣＥ！」は環境問題にかかわっていた小林一朗らによって９・11テロ後につくられたネットワークであり、デモを「ピースウォーク」と呼びかえ、テロと報復への抗議の意思をシュプレヒコールを使わずに表現した。「ＣＨＡＮＣＥ！」立ち上げ時の問題意識について、小林は「いわゆる普通の人々が入れる場所が、じつはあまり多くない。市民運動や、反戦・平和運動に対しての抵抗がある」、「こういった人が入れる場所というのをどうやって作っていこうか」と考えていたと語っている[20]。そして、「普通の人々」を取りこむための「パブリック・リレーション、つまり社会に対してどうコミュニケーションしていくか、という工夫、努力」がこれまでの運動に欠けていたとし[21]、「特定の思想に固執する集団が入ってくることに対してかなり気をつけている」とも述べている[22]。

また、「公共哲学」を専門とし、９・11以降に平和運動に参加した小林正弥は、「ＣＨＡＮＣＥ！」やＷＰＮの運動論に注目し次のように述べている。

若い人と話すと、「平和運動のイメージは暗い」と言うんです。反対ばかり、加害責任ばかり言っていて、そして暴力もからんでくる。９・11以降の運動は、思想性の深さや経験や知識は棚に上げて、まず「平和は大事だ」って思う気持ちから出発した。だから、私は、明るいイメージや、友愛や喜び、内面的な平和を大切にしたいと思いますし、反戦よりも非戦、デモといわなくともウォークやパレード――そういう新しい感覚を大切にしたいと思うのです[23]。

ＷＰＮや「ＣＨＡＮＣＥ！」の運動は、「普通の人々」の参加をどうすれば引き出せるのかについて意識的であった。「普通の人々」とのコミュニケーションの工夫、たとえば、「明るいイメージ」や「友愛や喜び」を伝えることの重要性が強調されていたのだ。

このような運動論については、さまざまな批判の声があがった。主な批判のポイントは次の三つである。一つめは、「普通の人々」への呼びかけが、「これまでの運動」を画一化してしまうことである。吉川勇一は「新しい」運動が「これまでの運動」を「覆面をし、ヘルメットをかぶり、機動隊に何重にも囲まれながら、そばから聞いていたのではさっぱり理解できない用語で「……粉砕!」とか「最後の最後まで闘うぞ」というような独りよがりの叫びを発し、最後には機動隊と乱闘して逮捕者続出」というように、「ずいぶんと皮相的、あるいは誤解」にもとづいて理解していると指摘した㉔。

二つめに、「新しい運動」と「古い運動」との単純な対比が、運動現場における参加者の選別と排除につながっているという批判である。道場親信は、運動について「「暗いイメージが流布されている」ことを過剰に実体視し、個々人の問題関心や動機に注目することなくもっぱら〝大衆工作〟という作為〔……〕に心を砕くという転倒が生じている」と厳しく指摘した上で、「この「イメージ」に囚われた大衆を獲得するためには、まずその「イメージ」に同調しなければならない」という論理が「「排除」のポピュリズム」をつくると批判した㉕。現在と過去の二分法が、運動のなかに「普通の人」と「そうでない人」というまなざしを差し入れ、後者を排除するポピュリズムにつながっているとの指摘がなされた㉖。

そして、三つめには、以上の二点の結果として運動内部で議論を深めることを忌避し、参加者の経験の継承や意見の共有を困難にしているという批判である。イラク反戦運動に参加し、被弾圧者への救援活動にも取り組んでいた茂木遊は、参加者内部の戦争のとらえかたや運動の「方針の違いを喧伝することは、幅広い結集の妨げになる、といった政治的な討議自体を忌避するポピュリズム的傾向は多分にあった」と述べている。イラク反戦運動は多くのデモ参加者を集めることに成功したが、「幅広い結集」の妨げにつながりそうな「面倒くさい議論」を忌避する傾向があった。[27]

では、「面倒くさい議論」とされたのは何だったのだろうか。大きくは二点ある。第一に、警察によるデモの管理や統制にどのように対応するか、どこまで市民的自由を追求し、抵抗するかという点である。背景には警察によるデモ参加者逮捕がつづいたことがあった。[28]被逮捕者の多くは警察の規制に対して正面から抗議をしていた人たちであった。茂木は救援活動に対するWPNの消極的な対応が、デモ参加者のなかで被逮捕者を「〝おかしな人〟たちとして異化し」ていくことにつながったと指摘する。[29]警察の規制に対してなぜ、どのように抵抗するのか、それぞれの文脈を丁寧に共有することなしに、警察への抵抗を「暴力」と即断し、排除する雰囲気が批判された。このような運動内の雰囲気は、第一節で述べた「グローバル内戦」下での敵対性の否定と治安管理のまなざしの浸透の一つの形であったのではないだろうか。

このような批判があがるなか、新たに生み出されたデモのスタイルにサウンドデモがある。サウンドデモはトラックの荷台にサウンドシステムを載せ、DJやミュージシャンが音楽を大音量で流し、参加者が踊りながら反戦の声をあげ、街を練り歩くデモである。参加者は警察との軋轢や対立を避けず、路上の解放を重視した。[30]また、「対テロ戦争」と連動した監視カメラの増設や野宿者排除など都市空間の管理の強化が進んでいること、そしてその影響が反戦デモの内部にも及んでいる点に、サウンドデモ参加者は自覚的であった。[31]その一人、二木信は「根本的に路上の秩序、そして自らの身体感覚を揺さぶる意味での「暴動」が夢見られていたと述べている。[32]サウンドデモはWPNとは異なり、敵対性や闘争性の再創造を試みていたといえるだろう。

第二に、忌避された議論として、日本社会がいかに戦争を支える役割を果たしているのかという点が挙げられる。たとえば、「反戦運動における「議論の不在」状況」を問題だと考えた人びとが、二〇〇四年に「反戦と抵抗の祭〈フエスタ〉」(以下、フェスタ)を開催した[33]。フェスタではイラク戦争と日本社会のつながりについて多角的な議論がなされている。具体的には有事法制、国民保護法、共謀罪、住基ネットと生活安全条例、在日外国人の管理や差別、イラク反戦運動への弾圧、自律的なメディアの必要性、音楽表現などのテーマが戦争と結びつけて議論された。これらは第一節で述べた軍事化の諸課題や「グローバル内戦」下で遍在するネオリベラリズムの暴力と重なるものだ。「対テロ戦争」と連動した日本社会内部の多領域にわたる変化を批判的にとらえ、反戦の内実を深めることが課題となっていた。

このようにイラク反戦運動は多くの参加者を獲得し、広範な人と層、地域へ拡大することに成功する一方で、運動内に多くの課題も生み出していた。すなわち、①「これまでの運動」のイメージの画一化、②運動参加者の選別と排除、③議論の忌避と運動経験の継承や共有の困難、という課題である。そして、「グローバル内戦」と呼ばれる新たな戦争に対する敵対性や闘争性の確保が問われていたのである[34]。

三　反暴力の地平

1　暴力とは異なる自律的な力

以上のような日本の反戦・平和運動の位置と困難をふまえると、戦争に抗する運動の力とは何かについて改めて考えることが求められているように思う。ここで酒井隆史の議論を参照しつつ、戦争に抗する運動の力を反暴力という概念から考えたい[35]。

反暴力とは、暴力と非暴力の二項対立図式ではとらえることのできない、人びとのもつ豊かな力のことである。現代の多くの反戦・平和運動は非暴力を手段としてきたが、イラク反戦運動内部の議論からもわかるように、国家の管理や抑圧に積極的に抵抗することを忌避したり、それを暴力的で危険な行為とみなすことがある。また、非暴力が体制に順応した、敵対的でない行動やスタイルとして誤解されることもある。

だが、非暴力は広範な直接行動と結びつき実践されてきた。非暴力直接行動である。たとえば、原発の機能を止めるために施設敷地内に法を犯して入り、座り込む。参加者は議員などに決定を委ねず直接にその意思を示し、局面の打開を図る。また、そのような行動をとることで、国家や企業による暴力的な弾圧を引き出し、運動の正当性を社会に逆説的に示して、支持や賛同を引き出すことも試みられてきた。国家は人びとの自由を拘束し、その命を奪うことさえ法的には認められている。この意味で国家は暴力装置なのだが、法律によってその暴力性は合法化され、自然化される。軍隊はその顕著な装置である。向井孝はこのような国家のありようを「擬似非暴力体制」と名付けた。非暴力直接行動は「擬似非暴力体制」の暴力を露呈させ、暴力そのものの解体と根絶を目指すものだ[36]。つまり、非暴力は直接行動を通じて国家による統治の領域やその論理を限定し、人びとが自律的に考え、議論し、決定する領域と可能性を積極的に拡張させるのである。

酒井はこの非暴力直接行動の系譜のなかに、飼い馴らされた非暴力でも直接的暴力でもない、国家の暴力の廃絶や解体を目指す別の力の領域を確認し、それを反暴力と呼んだ[37]。反暴力とは、現代において削ぎ落とされてきた敵対性や闘争性の実践である。その具体例として沖縄の反基地運動を考察してみたい。

2　沖縄の反基地運動と反暴力の実践

沖縄は日本国家と日米安保体制の擬似非暴力体制のもつ暴力性がはっきりと目に見える場所だ。沖縄における反基地運動は、究極的には国家の暴力装置である基地・軍隊の撤去と解体を目指してきた。その歴史は長く、内容も多様であるが[38]、ここでは、フェミニズム運動と辺野古における新基地建設反対運動をとりあげたい。

①フェミニズム運動による脱軍事化の実践

沖縄における基地の存在をフェミニズムの視点から批判し、運動を牽引してきたグループに、一九九五年に結成された「基地・軍隊を許さない行動する女たちの会」(以下、行動する女たちの会)がある。この年、沖縄では米兵による小学生への性暴力事件が起こり、反基地運動が大きなうねりとなって拡大した。この事件への速やかな抗議と対応、その後の運動の興隆を生み出したのは、一九九五年以前に積み重ねられてきたフェミニストたちの運動であった。

「行動する女たちの会」結成の背景にはグローバルなフェミニズム運動と連携した長年の運動の蓄積がある。一九七五年の国際婦人年以降の女性運動の高まり、国連の女性会議とともに開催されてきたNGOフォーラムでの議論とネットワークの深まりなどを通じて、沖縄のフェミニストとグローバルなフェミニズム運動の交流はつづけられてきた[39]。この交流のなかで、沖縄の女性たちは戦時下・紛争下の女性に対する性暴力、平時におけるドメスティック・ヴァイオレンスや売買春などの女性に対する暴力、そして、駐留軍兵士による性暴力の問題などをつなげて考えるようになった。「行動する女たちの会」は、社会構造のなかに埋め込まれた女性に対するさまざまな構造的暴力が存在すること、そして、基地・軍隊はそれを再生産し、活用する装置であることを批判したのだ。

たとえば、「行動する女たちの会」結成の大きな契機となった一九九五年の国連・北京女性会議のNGOフォーラムでのワークショップ「沖縄における軍隊・その構造的暴力と女性——武器によらない平和の実現を」では、軍隊を「男らしさの崇拝、儀式」としてとらえ、「男性優位性と女性蔑視」を兵士と社会に浸透させる装置であるとの分析が共有された。また、「父権社会、軍事力を重視する社会では、女性を従属的地位に置き、国家の目的達成のためには女性を性的に手段化する」点も指摘された[40]。そして、このフォーラムの成果をふまえ結成された「行動する女たちの会」は、基地・軍隊がセクシズムと相互補完的な関係をもち、戦時・平時をたがわず女性(および男性的でない存在)に対して構造的暴力を行使してきたとし、軍隊の撤廃を要求したのだ。

このような軍隊への批判は現実にどのような社会をつくっているのだろうか。「行動する女たちの会」は米兵による性犯罪の実態調査と年表の作成・発表、米兵・軍属による事件への抗議、性暴力事件の被害者へのカウンセリング活動などに取り組んできた。たとえば、被害者の救済と保護のために、一九九五年一〇月に強姦救援センター・沖縄(ＲＥＩＣＯ：Rape Emergency Intervention Counseling Center Okinawa)の設置を実現させ、性暴力被害者からの電話相談やカウンセリング、法律相談、裁判支援などを行っている。(41) また、「行動する女たちの会」はメディアに対して、性暴力事件についての報道を決して自粛しないこと、同時に、被害者の安全やプライヴァシーを保護することをくりかえし求めてきた。このような活動は、性暴力被害者が声をあげやすい環境をつくりながら、同時に、被害者の傷をケアする社会的基盤を自律的に生み出している。構造的暴力にさらされる女性たちの「痛みと沈黙」をケアし、その回復が目指されているのだ。(42) このような活動は軍隊の暴力を可視化した上でその存在自体を批判し、暴力によらない社会を自律的に生み出すものであり、反暴力の優れた実践となっている。

②辺野古における座り込みと自律的空間の創出

一九九五年以降の沖縄からの米軍基地撤去要求の高まりに対し、日米両政府は、老朽化し使用していない基地や施設を返還しつつ、新たな基地の建設を強行してきた。名護市・辺野古における新基地建設計画は大きな争点となっている。ここでは辺野古の新基地建設工事に対する阻止行動の組み立てられ方に注目し、反暴力の実践の具体例をみてみよう。

筆者は断続的に沖縄の辺野古や高江での座り込みの運動に参加してきた。ここで分析の対象とするのは、二〇一四年八月の米軍「キャンプ・シュワブ」ゲート前での阻止行動である。(43) 辺野古・大浦湾の埋め立て工事のための資材や土砂は「キャンプ・シュワブ」のゲートから搬入されていた。そのため、ゲート前は阻止行動と座り込みの現場となり、多くの参加者が集まるテント空間もつくられた。ゲート前で基地に向かって立つと、ゲートを塞ぐようにして最も手前に警備を担う日本の民間警備会社の警備員、その次に沖縄県警や日本各地から派遣された警察官や機動隊員、さらにその向こう側に防衛省の職員、そして最奥に米軍の警備員と米兵が配置されているのがみえる。最奥の米軍を守るようにして人の壁の層がつくられ、工事車両の出し入れや抗議行動参加者の排除などの指示・命令は奥から手前の人びとへと上意下達式になされているようだった。この布置関係は奥へいくほど権力をもつ、基地・軍隊を支えるヒエラルキーを象徴的に示していた。

軍隊を中心とするヒエラルキー構造に対して、阻止行動の参加者はこれを意識的に攪乱し、亀裂を生じさせることで、建設工事を遅らせ止めていた。たとえば、夏の炎天下で日差しを遮るものがないなか警備労働を強いられる末端の民間警備員に対して、人びとはその労働を労《いたわ》りながら、過酷な労働をさせている会社や国、米軍へ抗議の声をあげた。また、沖縄県内外から集められた警察官に対しては、沖縄の近現代史を伝え、基地建設がいかなる歴史的文脈にあるのかを訴えつづけた(44)。さらに、工事車両の運転手や車道を通行する一般車両の運転手に対しては積極的に言葉や身振り手振りによる対話をつづけ、抗議行動への賛同を呼びかける。マスメディアやインターネット上でセンセーショナルに伝えられる肉体のぶつかりあいや参加者の強制排除といった場面は限定的であり、むしろ、このようなバーバル(言語的)／ノンバーバル(非言語的)なコミュニケーションに膨大な時間と労力が費やされていた。

このコミュニケーションの積み重ねは、ひとまとまりにみえる軍事的ヒエラルキー構造を揺さぶり、亀裂をつくっていった。労働者たちは短時間であれ作業の手を休め、工事を遅らせてしまう。上司からの指示や指導に対して、けげんな表情を浮かべる警察官や機動隊員があらわれる。建設工事を指揮する一部の権力をもった人間、そしてその背後にある日米両政府の孤立を生み出すような瞬間がつくられるのだ。こうしてゲート前の空間は、基地・軍隊を支える労働をサボタージュする場——反基地闘争だけでなく、階級闘争がつくられる現場——へと変貌し、参加者が主導権を握る自律的な空間へと変わるのである。

そして、そこでは軍隊と国家への敵対性は明確であった。「軍隊は人を守らない」という沖縄戦の教訓がくりかえし共有され、国家と軍隊による構造的な差別と暴力の問題が指摘されていた。道路上の抗議活動や座り込みは道路交通法や刑事特別法などの違反行為と解釈されうるものでもあるが、人びとは当然のようにそれをくりかえし、メディアのサポートも受けながら、警察からの介入を限定する。反暴力としての力の行使が積み重ねられていた。

だが、阻止行動の参加者はひとまとまりの存在ではない。森啓輔は、「座り込みという直接行動の空間が、(権)力に対して対抗的に形成される側面のみならず、「生存」とは何かと絶えず問い直す場所として構築され」ているとの重要な指摘をしている。[45] 人びとは「生存」とそれを脅かす暴力についてくりかえし考え、問い直すなかで、運動内部の権力関係や暴力をも問題化することを試みてきた。たとえば、阿部小涼は辺野古の直接行動の現場で「女性はおにぎりを」という呼びかけがあったことに注意を促す。この出来事への抗議の意思表示は、その後作成されたジン(自主制作の冊子)に添えられた「性別役割分業お断り!!」、「おにぎらすな、おにぎらされるな」と書かれたステッカーに結実した。[46] 軍隊がつくりだす〈守る／決定する主体＝男性〉・〈守られる／従う客体＝女性〉というジェンダー規範とその暴力や抑圧を、反基地運動自体が反復していることへの内在的な批判が試みられていた。反基地運動における反暴力の実践は、運動の内部を含めて暴力の存在を感知し、それを問題化しながらつづけられている。

以上のように、沖縄の反基地運動は国家と軍隊に対する敵対性を保持しつつ、自律的な実践と空間、社会的関係を生み出してきた。武力＝暴力によって「守られている」かにみえる社会をとらえかえし、暴力によらない別の社会を自律的につくっているのである。

おわりに――民衆の熱をリレーする

ここまで、現代の戦争の変化と近年の日本の反戦・平和運動の特徴について、敵対性や反暴力という視点から分析してきた。冷戦終結以降の日本社会では戦争体験者の減少や脱冷戦の失敗、そしてネオリベラリズムの急速な浸透により、戦争に抗する闘争性や敵対性が排除・抑圧される傾向が顕著である。だからこそ、私たちは反暴力のもつ力を再考する必要がある。

アリエズとラッツァラートは、「グローバル内戦」が一九六八年の世界的な民衆蜂起への反動として展開されてきたと指摘しつつ、「資本は以降、その冷却エンジンを改良しながら勝利に勝利を重ねている。そこでは、権力の第一の機能は内戦の存在をその記憶にまで遡って否定する」ことだと述べている。[47]「グローバル内戦」は民衆の闘いの歴史の忘却や否定とともに遂行されている。だとすれば、反戦・平和運動の歴史へとあらためて分け入り、「冷却エンジン」の歯車を弱め、民衆の熱を時代を超えてリレーすることが喫緊の課題となろう。私たちは日々つづいている戦争と暴力の遍在を感知し、いま・ここを反戦＝反暴力の現場として読みかえ、別の世界をつくることをやめるわけにはいかないのだ。

（1）筆者は「日本の反戦・平和運動」を国民的な枠組みのもとにある運動とはとらえていない。本稿では、国境を越えたネットワークに開かれ、「日本国民」にとどまらない広がりをもつ運動として「日本の反戦・平和運動」という言葉を用いる。
（2）加納実紀代『戦後史とジェンダー』インパクト出版会、二〇〇五年、五章。
（3）倉橋耕平『歴史修正主義とサブカルチャー――90年代保守言説のメディア文化』青弓社、二〇一八年。
（4）シンシア・エンロー／上野千鶴子監訳／佐藤文香訳『策略――女性を軍事化する国際政治』岩波書店、二〇〇六年、二一八頁。
（5）アントニオ・ネグリ、マイケル・ハート／幾島幸子訳『マルチチュード――〈帝国〉時代の戦争と民主主義（上）』日本放送出版協会、二〇〇五年、四四―四八頁。
(6) アントニオ・ネグリ、マイケル・ハート／水嶋一憲・酒井隆史・浜邦彦・吉田俊実訳『〈帝国〉――グローバル化の世界秩序とマルチチュードの可能性』以文社、二〇〇三年。
(7) エリック・アリエズ、マウリツィオ・ラッツァラート／杉村昌昭・信友建志訳『戦争と資本――統合された世界資本主義とグローバルな内戦』作品社、二〇一九年。
(8) 以上のネオリベラリズムの概念的な整理は、酒井隆史「自由と有事――日常の管理の網の目をどうくぐるか」『インパクション』一三〇号、二〇〇二年、および、同『自由論――現在性の系譜学』河出書房新社、二〇一九年にもとづく。
(9) 前掲注(7)アリエズ、ラッツァラート 二〇一九年、二四頁。
(10) 前掲注(5)ネグリ、ハート 二〇〇五年、五六頁。
(11) 以上の過程については「資料 日誌 2001. 9. 11～2003. 4. 9」『世界』緊急増刊号(「NO WAR!――立ち上がった世界市民の記録」)、二〇〇三年を参照。
(12) 日本における反戦デモの経過については、『世界』前掲特集および野田努・三田格・水越真紀ほか編『NO!! WAR』河出書房新社、二〇〇三年を参照。
(13) 山本英弘「イラク戦争抗議デモ参加者の諸相――質問紙調査に基づく分析から」『社会学年報』三四号、二〇〇五年、一九〇頁。
(14) 池田五律「イラク反戦フィーバーで終わらせないために」『現代思想』三一巻七号、二〇〇三年、一七〇―一七一頁。WPNの設立過程と活動については、参加者による座談会記事「テーブルを囲んだワールドピースナウたち――「ピースクリエーターズの9条」『軍縮問題資料』二九六号、二〇〇五年や、高田健『護憲は改憲に勝つ――憲法改悪国民投票にいかに立ち向かうか』技術と人間、二〇〇四年を参照。
(15) https://web.archive.org/web/20030124171204/http://worldpeacenow.jp/(最終アクセス：二〇二一年九月一七日)
(16) 同前。
(17) 吉岡達也「イラク反戦からコリア反戦へ」『現代思想』三一巻七号、二〇〇三年、七九―八一頁。
(18) 吉川勇一／道場親信(聞き手)「ベトナムからイラクへ――平和運動の経験と思想の継承をめぐって」『現代思想』三一巻七号、二〇〇三年、四七頁。
(19) 道場親信『占領と平和――〈戦後〉という経験』青土社、二〇〇五年、「Ⅱ 第六章 ポスト冷戦と現在――「反戦平和」の再定義(一九九一年～)」には多様な論点が的確にまとめられている。
(20) 小林一朗・杉原浩司・矢部史郎・田浪亜央江「新しいアクティヴィズム」――その仕掛けとエネルギー」『インパクション』一二八号、二〇〇一年、六七頁。

(21)　吉川勇一・小林一朗・天野恵一・小林正弥「デモか、パレードか、ピースウォークか――平和運動、世代間対話の試み」『世界』七三二号（別冊「もしも憲法9条が変えられてしまったら」）、二〇〇四年、一八〇頁。
(22)　前掲注(20)小林ほか 二〇〇一年、七三頁。
(23)　前掲注(21)吉川ほか 二〇〇四年、一八三頁。
(24)　吉川勇一「デモとパレードとピースウォーク――イラク反戦運動と今後の問題点」『論座』一〇六号、二〇〇四年、八九頁。
(25)　前掲注(19)道場 二〇〇五年、六四七―六四八頁。
(26)　吉川勇一・富山洋子・天野恵一「反戦・反改憲運動のあり方――「世代」と「体験」の交流へ」『インパクション』一四四号、二〇〇四年も参照。
(27)　茂木遊「セッションAまとめ「温存された日常の意識」が支える動員態勢を超えるために」「反戦と抵抗の祭〈フェスタ〉・記録集」刊行委員会『反戦と抵抗の祭〈フェスタ〉・記録集』二〇〇五年、五〇頁。
(28)　「CHANCE!」メンバーが警察と会食していたことも批判と不信感を広げる原因となった。前掲注(21)吉川ほか 二〇〇四年。
(29)　「セッションB「反弾圧! イラク開戦以降」」前掲注(27)「反戦と抵抗の祭〈フェスタ〉・記録集」刊行委員会 二〇〇五年、五九頁。
(30)　野田努・三田格・水越真紀「ダンス・トゥ・デモンストレーション」『現代思想』三一巻七号、二〇〇三年。
(31)　毛利嘉孝『文化＝政治』月曜社、二〇〇三年、第六章。
(32)　二木信「奇妙な縁は、いつも路上でつながる――二〇〇三年以降の東京の路上と運動についての覚え書き」『VOL』三号、以文社、二〇〇八年、一八五頁。
(33)　プログラムの内容は次のとおりである。
•二〇〇四年一〇月三一日　ワークショップ：セッションA「民衆管理の進行と反戦」、セッションB「反弾圧! イラク開戦以降」、セッションC「〈運動〉における権力観のゆらぎと反戦」(於・中野商工会館)
•同年一一月二〇日　パネルディスカッション「「私」からはじめる反戦と抵抗――いま共有しておきたいこと」。書籍、CD、ビデオ、グッズなどの販売・交換のブースや展示ブースなど(於・千駄ヶ谷区民会館集会場)。パネルディスカッション後にはデモが行われた。
•同年一一月二一日　ライヴ「黒色エレジー梅島騒擾2004」(於・梅島ユートピア)
(34)　イラク反戦運動におけるこれらの課題は、二〇一一年の福島第一原子力発電所事故以降の反原発運動や二〇一五年の安保法制反対運動においても焦点となった。拙稿「接続する反戦・平和運動へ――社会運動をめぐる言葉の現在地」『情況』四期・四巻九号、二〇一五年を参照。
(35)　酒井隆史『暴力の哲学』河出書房新社、二〇一六年。
(36)　向井孝『暴力論ノート――非暴力直接行動とは何か』「黒」発行所、二〇〇二年、二九頁。

（37）前掲注（35）酒井 二〇一六年、二二一頁。
（38）沖縄における反基地運動の歴史と広がりについては、新崎盛暉『沖縄現代史 新版』岩波書店、二〇〇五年、同『沖縄同時代史（全10巻・別巻1）』凱風社、一九九二―二〇〇五年、森宣雄『沖縄戦後民衆史――ガマから辺野古まで』岩波書店、二〇一六年を参照。また、非暴力直接行動という視座からその歴史をグローバルな民衆運動史と交差させて分析したものとして、阿部小涼「第5章 社会運動と平和」および同「第6章 ジェンダーと平和」星野英一ほか『沖縄平和論のアジェンダ――怒りを力にする視座と方法』法律文化社、二〇一八年がある。
（39）前掲注（38）阿部「第6章 ジェンダーと平和」一四六―一四八頁。高里鈴代『沖縄の女たち――女性の人権と基地・軍隊』明石書店、一九九六年。
（40）前掲注（39）高里 一九九六年、二二〇頁。
（41）ＲＥＩＣＯウェブサイト（https://reico.okinawa 最終アクセス：二〇二一年九月二五日）。
（42）前掲注（39）高里 一九九六年、二二二頁。
（43）詳しくは拙稿「辺野古をめぐる二つの政治――代表政治と直接行動」『現代思想』四四巻二号、二〇一六年を参照。また東村・高江でのヘリパッド建設工事に対する反対運動の分析として、拙稿「占拠空間・直接行動・日常――高江ヘリパッド建設阻止運動の広がりによせて」『越境広場』三号、二〇一七年も参照。
（44）辺野古や高江など座り込みの現場に共通する特徴の一つは、参加者どうしでも沖縄の民衆史が共有されることだ。森啓輔「直接行動空間の解釈学――沖縄県東村高江の米軍基地建設に反対する座り込みを事例に」『社会システム研究』二九号、二〇一四年を参照。
（45）前掲注（44）森 二〇一四年、九八頁。
（46）阿部小涼「ジェンダー研究＝運動――沖縄で闘い届ける平和の課題」『神奈川大学評論』九〇号、二〇一八年、一一一頁。
（47）前掲注（7）アリエズ、ラッツァラート 二〇一九年、二九頁。

第９章　情報社会と「人間」の戦争

野上　元

はじめに――「新しい戦争」の時代

「新しい戦争」とは、冷戦後に生じた新しい形態の組織的暴力に対してアメリカの国際政治学者メアリー・カルドーが付けた名前である。カルドーは、冷戦終結後に生じた権力の空白を背景に、伝統的な国家間戦争が後退しアクターに非国家の武装集団も含まれるようになるなど、紛争としての形態が流動性を増していること、現代の戦争を生み出す対立が、政治思想やイデオロギーによってではなく、宗教や構築された民族性などのアイデンティティ・ポリティクス、つまり文化政治によって生み出されたものであることを論じている(1)。

カルドーの試みはいち早いものではあったが、現代の戦争を名付けるのに「新しい戦争」という用語は何かを形容しているといえるだろうか。例えば、「塹壕戦」「総力戦」「電撃戦」「冷戦」などは、その概念が表す情況の誕生時、それぞれ新しかったはずである。「新しい」というだけでは、何かを表しているようにみえない。

さらに問えば、「新しい戦争」は「戦争」なのだろうか。冷戦以降の戦争には、じつに様々な名称が付けられている。「非対称戦争 asymmetric war」「非正規戦争 unconventional war」「低強度紛争 low intensity conflict」「テロとの戦争 war on terrorism」「ハイブリッド戦争 hybrid war」「スポーツ観戦戦争 spectator-sport war」「リスク転移戦争 risk-transfer war」など、どこに特に注目するかで、戦争は近年、様々に形容されている。系統的な分類を難しくする多様な用語の氾濫は、その本質を絞り込むことが難しいことを示している。また、それらの言葉で表される戦争の特徴は、個別にみれば以前の戦争にもみられるもので新しくはない、ということもできる。

そうしたなか、「新しい戦争」という用語が現在勝ち残っているのは、新しくみえることそのものに本質があるからだ、ともいえよう。私たちの考察は、私たちのみているものがどのような意味で「新しい」のか、そしてそれはどのような意味で「戦争」なのかを点検しながら進められるべきであろう。

これに応えるために本章では、現代の「新しい戦争」を特に情報社会との関連で考えることにしたい。現代の戦争では、様々に発達した技術が使われているが、その鍵となるのが「情報」である。そして情報技術は、戦争だけでなく、もちろん現代社会のありようを決める重要な条件の一つとなっている。私たちはそうした社会を「情報社会」と呼んでいる。

ただ、気をつけなければならないのは、情報社会が、情報技術による「新しさ」を必要以上に喧伝する社会でもあるということである。(2) 戦争の「新しさ」と情報社会の「新しさ」。「新しさ」の氾濫のなかで迷ってしまわないようにも気をつけたい。

そして本章が目を離さずにいたいのは、戦争における「人間」の位置づけの変化である。「新しい戦争」が現在挑戦しているのは、「人間が戦争を引き起こし、その加害者・被害者となる」という前提のようにみえる。

そして後に詳しく述べるように、情報社会を論ずるメディア論は、「人間」として想定されるものの変化を含めた社会理論である。さらに戦争についても、メディア論は様々な視角からこれを論じ、両者の結びつきはかなり深いようにみえる。それゆえ本章では、数ある情報社会論のなかでも特にメディア論に注目し、その戦争との本質的な結びつきを考察しながら、戦争と「人間」の変容を論じることにしよう。

一　戦争論としての情報社会論

1 「戦争とメディア」の再考

これまで「戦争とメディア」という題名の書物・論集が数多く編まれてきた。あるいは、新聞の特集、学会の大会シンポジウム、大学の講義などでタイトルとして配せられていることもある。メディアにとって、その役割や社会的使命が問われるのが戦争であり、「戦争とメディア」は、その重要な論点を浮かび上がらせる枠組みなのである。

例えば佐藤卓己『現代メディア史』の歴史記述も戦争を大きな焦点の一つとしているが、総力戦によるメディアの再編についての各国の事例をバランス良く配しているため、メディア史と戦争の繋がりの幅広さと深さを説得的に示すことに成功している。[3] あるいはもっと端的に、メディア産業は、新聞からケーブルテレビに至るまで、戦争を報じることで発達してきたということもある。例えば橋本晃『国際紛争のメディア学』は、「権力の代理人としてのジャーナリスト」という視点に基づき、戦争のあり方により様々に変化するメディア統制の現代史を描いている。「メディア統制」といっても、それは一方的な報道の制限ではない。ここで統制は、見せることの制限＝隠すことだけではなく、ときには見せることの操作による誘引、つまり「魅せる」ことによっても行われている。[4]

このような「戦争とメディア」の歴史の頂点はもちろん、二〇世紀の二つの世界大戦である。戦争に対する人々の高い関心・関与を支えて発達したのがマス・メディア産業であった。この時代は、マス・コミュニケーション(大量伝達)だけでなく、マス・プロダクション(大量生産)、マス・コンサンプション(大量消費)の時代でもある。大量飢餓・大量虐殺・大量破壊などもあった。そうした社会における主要なメディアは、大衆に宛てた同一情報の一括送信型のマス・メディアである。

冷戦が終わり、ほどなく、大量にではあるが個別の伝達も可能で、かつ双方向の通信が任意に行われうるインターネット・メディアへと移行が始まる。このメディアには、新聞やテレビのような大量情報伝達も、手紙や電話のような個別の情報伝達も含まれている。両方を合わせてメディアは「ソーシャル」なものになっている。こうした変化に合わせ、「戦争とメディア」も再考しなければならない。

けれどもここでもう一つ考えなければならないのは、戦争の方も、「マス mass」を離れて変化しているということである。徴兵制に基盤を持つ大規模軍(mass army)、そして総力戦が近代以降、二〇世紀までの戦争の姿だった。また近代以前の戦争であれば、大衆(マス)はほとんど戦争に関わりを持たなかった。現代においては、軍隊ははるかに小規模化し、兵士・軍人は高度に専門化した職業の一つである。戦争における「マス(大量・大衆)」の歴史性を考慮する必要がある。

本章のように、メディア論・メディア史の側からだけでなく、戦争の側から「戦争とメディア」を再考するというとき、「新しいメディア」を考えるだけでは不十分であろう。戦争の形態の方も「新しい戦争」に変わっていることに注意しなければならない。

逆にいえば、新しい「戦争とメディア」という考察の枠組みを考えるというとき、そもそも「メディア」として意味されているものをまず再考しなければならないだろう。メディア論の原点に戻って少し考えてみたい。

2　「メディア論」の原点としての「人間」の拡張

「メディア」とは、媒介や媒体を意味する medium の複数形 media である。辞書によれば「媒介」とは、「今まで交渉の無かった二つのものの間に立って、なんらかの関係をつけること」(『新明解国語辞典』第八版)を指す。ただこの語には、ヘーゲルやハイデガーなどの認識論・存在論と繫がる伝統があり、そこには存在や認識を成り立たせている条件、あるいは思考や意識・知覚とその対象の関連づけという含意がある。

だがやはり、メディアは「情報伝達の媒体」として考えられることが多い。「認識や思考を枠づけているもの」と「情報伝達の媒体」を一度に考える「メディア」概念をどう捉えればよいだろうか。メディア論の扉を開いたマクルーハンに戻ってみよう。

マーシャル・マクルーハンは一九六四年の『メディア論(*Understanding Media*)』において、メディアの本質をその副題で示した。すなわち「人間の拡張 Extensions of Man」である。(5) つまりメディアとは、視覚や聴覚などの五感、記憶力や想像力や声、腕力や脚力といった人間の諸能力を拡張するものだというのである。

マクルーハンの例示に従えば、兵器 Weapons もまた、歯や拳の拡張、つまり人間の腕力・打撃力の拡張になる。また脚力の拡張としての車輪や道路において、車輪の幅が一定のものに揃えられていることも重要だ。轍《わだち》が規格となって安定した反復利用を可能にし、さらに車両の幅は轍の幅に合わせて作られるようになる。メディアが共通の規格を促すことも重要である。

このように、マクルーハンはメディアについて、かなり広い定義を行っている。ただもちろん、人間の諸能力のなかで最も重要なものは情報に関わる能力、すなわち認識能力や伝達能力であろう。話し言葉や書き言葉、あるいは活字などの言語ももちろんメディアであり、この定義に従えば、情報そして情報社会を論じることも可能になる。

マクルーハンは、現在の電子テクノロジーは中枢神経系の拡張であり、われわれの知覚は、活字による視覚的なものから電気による触覚的なものへと移行するといった。インターネットの出現を予告するかのように、さらにそれはケーブルを通じて地球を覆ってゆく、そしてわれわれの知覚は「地球村 global village」の住人として単一の体験領域を構成するようになる、と論じた。「国際的理解の基盤としての戦争」は「いわば、地球という村の激烈な学校になった」というのが、マクルーハンの戦争論である。[6]

こうしてメディア論は、「人間」から出発し、情報や技術だけでなく、数百年単位の文化や文明にも言及する。例えばその応用として、メディア論が国民国家を論じたこともあった。というのも、活字文化に根ざす「国語」というメディアは人々の相互認識を可能にするための規格となり、国民は、自らを国民として考える意識を共有する人々として定義されるようになる。出版産業が、これを下支えする。[7]そうした意味では、国家も人々の大規模な集合を可能にするある種のメディアなのであった。このように、縦横無尽に歴史と現代を論じることのできるメディア論であるが、その根本には「人間の拡張」というアイディアがある。

3　戦争に言及するメディア論

本章の議論に戻ろう。前述のようなメディア論は、しばしば戦争や軍事に言及する。メディア論は技術の社会史と密接に関わり、技術は戦争や軍事に関わって発達してきたという面があるからだ。ただ、それでもメディア論の戦争への言及はやはり過剰にみえる。それはなぜだろうか。ともかくみてみよう。

マクルーハンにおける戦争への言及

マクルーハンのメディア論には、アメリカの文明批評家ルイス・マンフォードや、トロント大学の同僚で経済史・文明史を論じたハロルド・イニスの影響がみてとれる。文明史のスケールでみると、歴史に対する戦争や軍事の決定力が前面化する。「人間の拡張」である兵器をいかに効率的に・組織的に運用したのかによって、文明の興亡が語られるのである。

そしてマクルーハンは彼の同時代の冷戦について、「冷戦が情報のための技術によって戦われているとすれば、それは、戦争という戦争はすべて、どの文化においても、その文化で利用可能な最新の技術を使って戦われてきたからである」と述べる。[8] 核兵器は、破壊力がありすぎて（報復を怖れて）使用できない兵器であり、その保有を相手に伝え、相手を威嚇する言語技術とセットになって初めて機能する兵器となっているということだ。

マクルーハン自身は冷戦の終結やパーソナル・コンピュータ、インターネットの普及の前に死去してしまった。しかし彼の指摘する電子メディアの本質、つまりそれは人々の中枢神経系が外部化され地球に張り巡らされたものだという指摘は、パーソナル・コンピュータやインターネットの普及をあらかじめ述べた予言にみえる。すべての戦争が地球村の内戦・紛争になる、というのも冷戦後の状況をみてのことのようだ。

ヴィリリオにおける戦争への言及

一九八〇年に死去したマクルーハンに代わり、一九七〇年代後半より「戦争とメディア」論を精力的に展開したのが、フランスの社会批評家ポール・ヴィリリオである。『トーチカの考古学』（一九七五年）において彼は、フランスの海岸沿いに遺された第二次世界大戦期のドイツ軍のトーチカ遺跡を調査して回る。[9] それらは海上・海岸線の監視を行い、上陸してくる敵に銃撃・砲撃を行うための拠点であり、敵の砲爆撃に耐える厚いコンクリートで作られた建築物である。最小限の開口部を海に向け、半ば地形に潜り込むように配置され、コンクリートの一枚岩（モノリス）として墓所・石棺にも似た外見を持つ。トーチカからの視角は緻密に計算されていて、戦争と視覚の結びつきの強さを浮かび上がらせている。

ヴィリリオは『トーチカの考古学』のアイディアを発展させ、映画と戦争の視覚における同型性、つまり撮影技術と射撃・爆撃技術の技術的な近さを指摘した『戦争と映画』（一九八四年）を書く。[10] ヴィリリオは、撮影と射撃はともにshootingであることを喚起する。

軍事技術は視覚と結びついたものであるという指摘は、レーダーや暗視装置、カメラ付き誘導ミサイル、偵察衛星などの軍事技術と、さらに民間における監視カメラや地球観測衛星とをめぐる議論を可能にしてゆく。戦争は、腕力、火力をぶつけあうものからいまや映像情報の記録や伝達をめぐるものになり、その副題にあるように「知覚の兵站術」を不可欠なものとして組み込むようになっている。

ところで、「兵站」とは、物資の補給や輸送に関わるものである。それが「知覚」に関わるものになったとはどのようなことを意味するのか。ヴィリリオは戦争の本質を、物理的距離をいかに克服するかという課題、つまり機動力・速度による競争とみている。(11) そして物理的距離の問題は、いまや情報伝達の速度や効率の問題に置き換えられている。

こうしてヴィリリオは、視覚と速度（としての情報）を焦点に、従来の戦争論では扱えず、マクルーハンも言及できなかった冷戦後の戦争や軍事技術を論じる視点をメディア論にもたらしたのであった。

キットラーにおける戦争への言及

現代文明を縦横無尽に論じるヴィリリオは、戦争を含む最新の事件や事故を分析する視角を現代思想に与えたが、マクルーハンに似て探索的・アフォリズム的であり、粗雑な技術決定論、粗大な文明論にみえなくもない。情報伝達や視線・知覚の条件だけが述べられ、「人間」はそれらの与件によって描写されるのみで、特に「内面」や「精神」を語る言葉をヴィリリオの議論は持たなかった。

これに対しドイツの文学者であるフリードリヒ・キットラーは、「精神」や「人間的であること」を含めて議論したメディア論者である。より精確にいえば、「精神」や「人間」がひとつの現象として分析可能になる条件を論じている。

例えば『書き取りシステム1800・1900』においてキットラーは、文字というメディアが情報技術のほぼ全てを独占し、書かれたものが作者の人間性・人格を伝えるものである(と信じられていた)一八〇〇年前後の時代から、言語や精神が様々な科学的実験にさらされてその神秘性が減殺され、その独占が破られて、様々に分化した機能それぞれを代替するメディアに取って代わられるようになる一九〇〇年前後の時代への移行を語る⑫。

「人間の拡張」としてのメディア論で置き去りにされがちな「精神」を語るキットラーだが、もちろんその場合でも「人間」性や「精神」は、マクルーハン由来のメディア論の通り、情報技術と言説の布置による効果だとしていることも見逃してはならない。

メディア史の記述が戦争というできごとを重視する理由も明らかになる。戦争は激しい技術革新競争をもたらし、それは言語技術や情報技術をめぐるインフラストラクチャーを劇的に変えてしまうというのである。ただキットラーはもう一歩踏み込んで、

技術革新は、ひたすらお互いを参照・応答しあう軍事的なエスカレーションのモデルに従っていて、人々の身体の個別性あるいは集合性とは全く無関係に進行しているのではないか、そしてその特徴ある発展の結果、感覚や器官一般に圧倒的な影響を与えているのではないか、というのが歴史的な分析によって生じてくる疑念であった⑬。

と述べる。戦争とメディアの親和性は、メディア技術の革新それ自体が、戦争(軍事的エスカレーション)と似た「競合」や「淘汰」のような形態をとることに由来しているというのである⑭。人間は、その激変からくる影響を、後から受け取るに過ぎないという。

その反応の記録が文学だ。「人間精神の拡張」としての「戦争とメディア」の歴史を、キットラーは特に文学で分析しようとして、ブラム・ストーカー(東方的なものとの戦争を描く『ドラキュラ』)、エルンスト・ユンガー(第一次世界大戦の戦争体験を公刊)、トマス・ピンチョン(史上初の弾道ミサイルV2をめぐる物語)などを採りあげる。文学は技術メディ

アの人間精神に対する効果を図示するものになっているとすれば、現代文学とは情報技術のせめぎあいが表れる現場であり、そして「情報技術は常に既に戦略もしくは戦争である」というのである[15]。新しい技術に触れた「人間」を生々しく記録する文学は、彼にとって「戦争とメディア」論の格好の材料になる。

ただ、それも二〇世紀までのことである。戦争において特に加速する技術メディアの発達は「人間」を周縁化してゆく。「技術的なメディアは、知識人とも大衆文化とも関係ない。それらは〈現実〉の戦略である。記録・貯蔵メディアは第一次世界大戦の塹壕のために作られ、伝達・伝送メディアは第二次世界大戦の電撃戦のために、汎用計算機メディア（=コンピュータ）はSDIあるいは不確かな滅亡（核戦争?）のために作られた[16]」。

キットラーは、情報技術の本質は記録・貯蔵 storage、伝達・伝送 transmission、情報処理 processing という三機能にあるという。書き手もしくは読み手、送り手もしくは受け手が人間である前二者に対し、特に最後の情報処理において「人間」の排除が進みやすい。かつて人間とコンピュータの仲立ちをしていたOSは、いまや人間に合わせて快適な操作環境をシミュレーションするものになっている。メモリにあるデータとプログラム、プログラムと他のプログラムを区別するのはいまやOSなのである（「プロテクト・モード[17]」）。そしてコンピュータにとって人間は、反応速度が遅く奇妙なタイミングで割り込みをかけてくる周辺機器の一つとなってしまっている。

二〇一一年に死去したキットラーはAIや無人爆撃機についてヴィリリオ（二〇一八年死去）のように饒舌に語ったわけではないが、メディア論によって、ドイツ人文学の伝統としての「精神」や「人間」の運命を見届けようとする。あるいはメディア論によるヘーゲル『精神現象学』の超克という見方もできるだろう。そして、競合しあう技術たちの戦場において生じた、「戦争からの人間の疎外」という現実をメディア論で言い当ててしまった論者となった。戦争をめぐる技術は、いまやわれわれに理解可能なかたちで自分をみせるよう努力して（くれて）いるかも知れない、それが本質なのかも知れないのだ――と。

二　「新しい戦争」と情報社会

「総力戦とマス・メディア」に代わる新しい「戦争とメディア」論を求めて、戦争や軍事に「人間の拡張」をみる主要なメディア論者にあたってきた。戦争を遂行するための軍事技術の歴史は、人間の持つ打撃力の拡張であると同時に、その組織化の速度、つまり人間同士の連携を作り情勢を把握し相手を威嚇する情報力の拡張の過程としても語ることができる。マクルーハン、ヴィリリオ、キットラーの三人は、メディアに着目するという同じ出発点から違う視角を選び、新しい「戦争とメディア」の視点の可能性をそれぞれ提示した。

最後のキットラーに関しては、もう少し補足も必要だろう。それは後述するとして、その意味を明らかにするためにも、冷戦以降の「新しい戦争」の姿を「人間」の意味するものに注目しながら確認しておきたい。

1　冷戦後の戦争——多様な外貌

湾岸戦争（一九九一年）——機械化戦の再現、あるいは「戦争の亡霊」

冷戦が終わり、その年のうちに「歴史の終わり」（フランシス・フクヤマ）が言われた。少なくとも、成熟した民主主義国家同士の戦争は不可能で、大きな戦争ももう起こらないのではないか、と思われていた。しかし、イラクの大統領サダム・フセインによるクウェート侵攻、そしてそれを奪還しようとする多国籍軍の戦争である湾岸戦争が一九九一年に発生する。

当時よりこの戦争はNintendo Warと呼ばれた。ゲームもしくは近未来を描く映画のような映像が世界中に溢れたからである。これは、ベトナム戦争においてマスコミの統制に失敗した軍部が、意図的に「魅力的な」映像資料をマスコミに提供し、かれらが協力的になるよう誘導したことによる。[18] ただし、最新技術を駆使して争うようにして行われる戦争報道は、別に湾岸戦争に始まったものではない。例えば日中戦争でも、航空機を使った写真輸送によるスクープ競争があった。

むしろ湾岸戦争の本質は、戦争に対する人々の想定を自ら演じた戦争だということにあった。つまり、冷戦で抑圧されていた、「戦争は最新最強の兵器を使って行われるもの」という前提の復権、亡霊の復活である。人々の期待を反映して、湾岸戦争は、戦争を演じる戦争となった。[19]

モガディシュの戦い（一九九三年）——一晩で終わったベトナム戦争

湾岸戦争の本質は、世界中の軍人や政治家たちに対する「最新兵器の見本市」ということでもあった。そういった意味で、多国籍軍の軍人は、軍事産業の代理人でもあった。戦争を広告媒体として開発費を賄おうとするあり方が逆に浮かび上がらせるのは、戦争には膨大な戦費・軍事費が必要だということである。

冷戦は国家の拠って立つ思想の正統性を賭けた戦争であり、全力を注がなければならない戦争であったが、冷戦後の戦争は、世論の監視、すなわち議会の厳しい予算管理のもと、必要最小限のリソースで戦われるものとなっている。湾岸戦争はむしろ例外だった。

一九九三年、ソマリア内戦への米国の介入で生じたモガディシュの戦いをみてみよう。現地の司令官は、モガディシュを占拠する軍閥の主要関係者を逮捕しようと、特殊部隊の兵士たちを乗せた少数のヘリコプター部隊で中心市街地を襲撃し、かれらを逮捕後、装甲自動車で撤収するという作戦を立てた。現地軍は、戦闘爆撃機はおろかガンシップ（低速で飛ぶ輸送機に重機関銃を載せた地上制圧用の攻撃機）の使用すら許可されなかった。そして、ヘリコプター二機が撃墜され、搭乗員の救助に向かったアメリカ兵たちは民兵に包囲されて一晩にわたって銃撃戦を続けることになった。

その結果、アメリカ軍は一八名、軍閥側は五〇〇から一〇〇〇名の死者を出し、住民も巻き添えになった。衝撃的だったのは、（軍閥側民兵の一晩の犠牲者の数ではなく）軍服を剝がされたアメリカ軍パイロットの遺体が市中を引きずり回される映像が世界中に流れたことである。これを見たクリントン大統領は、ソマリアからの撤兵を即決した。

モガディシュの戦いは、非対称戦争としての性質も明らかであり、厳しい予算管理や世論を意識しての意思決定もすでにベトナム戦争で経験されていたものだったが、それ以上に、世界中に張り巡らされたメディア網による情報の波及力、それによる政策決定のスピードの速さでも特徴的であった（いわゆる「ＣＮＮ効果」）。それは、いわば一晩で終わったベトナム戦争だったが、背景には、彼我における装備の質の違いも含めた命の「値段」の大きな格差があった。

九・一一アメリカ同時多発テロ、「テロとの戦争」（二〇〇一年）——「これは戦争か？」という最前線からのリポート

メディアの伝達力が戦争の手段そのものとして使用された例に、二〇〇一年九月一一日に起こったアメリカ同時多発テロ事件が挙げられる。それは、民間旅客機を乗っ取り、燃料をほぼ満載した機体ごと、アメリカ国内の枢要な施設に体当たりを行うというものであった。

目標に選ばれたのはホワイトハウスと国防総省のほか、アメリカの経済力の象徴であるワールドトレードセンタービルであった。ビルへの攻撃は、二つのタワーそれぞれに対し時間差で行われた。つまり、一つ目の攻撃により世界の耳目が集まり、世界中の多くの人々が見ているなかで二つ目の攻撃が実行されたということである。

テロ組織は、時間差の攻撃により、衝撃的な映像を多くの人々に同時に視聴させた。当時より「これは戦争か？」と言われたが、これが戦争だったとして、その目的は、アメリカの破壊でも、とりわけアメリカ経済の破壊でもなかった。そうではなく、ターゲットは人々の精神であり、アメリカが体現する価値を信じる者に対して（あるいは憎む者に対しても）、巨大な悪意の存在を映像の同時体験を通じて知らしめることであった。

続けて、テロ組織の根拠地や首謀者に対する攻撃「テロとの戦争」が始められた。自衛を目的とした予防戦争をテロ組織という非国家主体に対して仕掛けたことになる。先制攻撃を正当化するには敵の脅威を確実に説明しなければならないが、非国家主体の武装集団のそれを明確にすることは難しい。それでもブッシュ政権が戦争へと押し切ることができると考えたのは、前述の通りテロが、世界中の人々の精神を攻撃し、その後も攻撃を続けている(と考えられた)からだった。

ウルリッヒ・ベックは、この衝撃をエッセイ「言葉が失われるとき」に書いている。これらの事態を従来の戦争を表現したり認識したりする言葉にあてはめようとしても、上手くあてはまらない、戦争とそれを表現しようとする言葉のズレを見いだすできごとであった、と述べている[20]。

イラク戦争(二〇〇三年)――「いいね！」が押されなかった最後の戦争

大量破壊兵器を隠匿しているという疑惑を名目とした二〇〇三年のイラク戦争に際しては、その開戦前から世界中で人々が反戦平和運動を行っていた。このときツイッターやフェイスブックをはじめとするＳＮＳが普及していれば、二〇一〇年代初頭の「アラブの春」のようにさらに連鎖的に運動が広がっていたかもしれない。この戦争に重なるようにして、個人用携帯端末が世界中の人々に普及し始めた。

戦争目的の一つは、フセイン大統領の逮捕と裁判、刑の執行によって果たされた。それは国際秩序の安定を脅かす野心を持つ世界中の独裁者に対する警告となったが、第二次世界大戦以来、戦争が裁判(ニュルンベルク裁判・東京裁判)を目的とするものになったことを再確認するという意味では新しくはない。ただ、フセインが死刑となる理由はクウェート侵攻ではなく、一九八二年の住民虐殺である。

一方、有志連合の圧倒的な攻撃に晒されているあいだは抵抗せずに武器や弾薬を隠し、爆弾の製造方法を学び伝達しあうなどして復讐の時機を待つ敵対的な人々がいた。これらの人々は武装勢力に合流し、より警護が脆弱な「ソフトターゲット」に攻撃を繰り返した。検問所は自爆攻撃、市内要所は車両爆弾の脅威にさらされ続けた。戦争には侵攻と占領という二つの局面があり、後者においてはゲリラ戦が継続しうる。憎悪は生々しくあり、圧倒的軍事力であっても、必ずどこかに弱点がある。

二〇〇五年頃より、SNSによる個人動画配信サービスが世界中に展開し始めた。世界中の人々は、武装組織や通りがかりの市民が配信する衝撃的な動画に関心を奪われ、他の人にも知らせようとして媒介者となった。一九九一年の湾岸戦争時のバグダッド空襲の中継や一九九三年のソマリアの米兵の遺体はCNNによる独占中継で報じられ、さらに二〇〇一年の崩れ落ちるワールドトレードセンターは世界中にライブ中継で報じられた。一方、この個人動画配信サービスで始まったのは、マスコミの媒介を経ることなく、歴史的な固有性には欠けるが衝撃度では引けを取らない動画が無数に世界中に流れ始めるということであった。いまや戦争における人々の「関与」は、こうしたかたちで増大している。

また、戦争に対する「人間」の関与の変化に応じて、アフガニスタンやイラクの戦場や占領地で二〇〇七年より始まったのは、人類学・社会学・政治学や地域研究、あるいは言語学の研究者チームを軍に同行させ、作戦や占領政策のための情報収集や助言を求めるプログラム「Human Terrain（人間の地形）System」である（関連学会の反対もあり、二〇一四年にプログラムは廃止されている）。二一世紀の『菊と刀』研究は、戦争に「人間理解」が求められることに応じて、いっそう組織的になったのだった。

クリミア侵攻（二〇一四年）――「これは戦争ではない」戦争

二〇一四年に行われたロシアのクリミア侵攻は、不気味な「戦争」である。それは次のような経緯をたどった。まず正体不明の武装勢力がウクライナ共和国に属するクリミア自治共和国の首都シンフェロポリの政府庁舎・市議会、空港などを占拠してロシア国旗を掲げ、共和国政府との連絡を麻痺させた。続いて住民保護を名目にロシア軍の進駐・実効支配が始まり、議会によりクリミアの独立が宣言された。この間、武装勢力のメンバーは記章を付けず覆面をし、迷彩柄の戦闘服に身を包んで「地元の自警団」を自称していたという(21)。

新しい戦争形態として近年注目されている、いわゆる「ハイブリッド戦争」である。様々な手段の戦争が混在するという意味で、それは、民兵(「自警団」)の活用、要所の占拠だけでなく、情報通信を混乱させ麻痺させるサイバー攻撃・電子戦も伴っている。

軍事侵攻が「戦争」を宣言されることなく始められるのは、各国の介入を避けるためであり、かつての「満洲事変」もそうであったように、それ自体としては別に新しいことではない。この戦争に新しい戦場としてサイバー空間(情報戦・心理戦)が加えられたとしても、陸海空の空間を連動・連繋させてきた戦争の歴史のなかに位置づけられるだろう。ましてや通信手段への攻撃など、従来の戦争においても重要であったものである。

この戦争において重要なのは、それが従来の意味でいう「戦争」と捉えられないようなギリギリの線を探りながら始められ、ある程度まで進められる、ということである。既成事実を積み重ねた後であれば、正規軍が登場しても構わない。「あれは戦争だった」と歴史的に認定されても構わない。しかし、進行中においてはあくまでも「戦争」ではなく、「平時」の枠内に収まり、あるいは「グレーゾーン事態」と認定されるようなものである。

換言すれば、単に宣戦布告なき戦争だということでなく、民主主義的な意思決定、あるいは文民統制による対応の遅さ、あるいは「これは戦争か?」というわれわれ(人間)の戸惑いそれ自体が戦略に組み込まれた戦争が登場しつつあるということなのだ。そうした手段をロシアという大国が取ったことの意味が、今後の戦争を考える上で重要なのはいうまでもない。

2　冷戦後の戦争／冷戦後以降の戦争
――ポストモダンとしての本質／脱本質、「人間」を問い直すとともに関与させ続ける戦争

技術の発達によって戦争が機械化し、人間が戦争から疎外される、という情況は一九世紀以降、特に第一次大戦以降、戦争を分析するさいによくみられる表現である[22]。しかし疎外しておきながら戦争は「人間」をなかなか手放してくれない。

こうした戦争をめぐる「人間」の現在に付け加えるとしたら、近年役割を広げつつある傭兵だろうか。各国の軍人たちは国民を代表する人間として戦争に参加する。つまり、国家の帯びる公共性が戦争における敵兵の殺傷を合法化しているのだ。けれども傭兵は国籍を問われず、純粋に報酬のために戦争に参加する存在である。戦う相手や戦う理由はかれらと契約した雇い主が決めることだ。

多様化する軍の任務を補い、あるいはもっと直接的に、戦闘による軍の犠牲者数を減らすためにも、世界中の戦場・紛争地で民間軍事会社が使われるようになっている。だが、民間軍事会社の傭兵たちは、「国民」としてではないとしたら一体どのような「人間」の資格で戦争に参加するというのか[23]。

傭兵だけでなく、子ども兵の戦争への参加も問題になっている。武装組織は、誘拐した子ども、戦争により孤児となった子ども、貧困により親に売られた子どもを兵士に仕立て上げる。これは戦争法規に違反しているが、それでも子ども兵がいるのは、今のところメリットがコストを上回っているからだという[24]。子ども兵を使うことで、武装勢力は大量の兵力を早く安価に手に入れることができる。従順で洗脳しやすく、アサルトライフルのAK47一丁を持たせればそれなりの兵士になる。破綻した国家、公教育と道徳の崩壊がこれを助けている。もちろん子どもも「人間」である。しかし、兵士となってよい「人間」ではない。

傭兵と子ども兵が示しているのは、戦争が「人間」の関与においてなされるということの意味の問い直しであろう。戦争が国家同士の憎悪において暴力のぶつかり合う野蛮な場所であったとしても、これまでは、それは「人間」によって行われる、という最低限の規範があった。現代の戦争は、関与する「人間」の規準を変えることでそれを簡単に毀損し、暴力に自由を与えてしまっている。

それはシンガーとブルッキングによる『「いいね！」戦争（*LikeWar*）』でもみることができる。副題の「兵器化するソーシャルメディア」が示す通り、SNSは反戦運動を盛り上げもするが、兵器にもなるのだ。

これは比喩ではない。例えば、イスラエル軍戦闘機がガザ地区の武器貯蔵庫を破壊した後、軍の公式アカウント@IDFSpokespersonが「ハマスの諜報員は、下っ端であれ幹部であれ、今後数日間地上に顔を出さない方が身のためだ」と煽る。すぐさまハマスの報道官アカウント@AlqassamBrigade（現在は凍結中）も次のようにやり返す。「お前たちの指導者と兵士がどこにいようと、われわれの祝福された手は必ず届く」と。(25) こうしたやりとりを、プロパガンダ・メディアが個人化し手軽になったものとみることもできよう。激しく罵り合いつつも両者は同一のプラットフォームを使い、「いいね！」や「悪いね！」を付け合ったり、引用リツイートをし合ったりしている。

同書によると、時間ごとにみられるツイートのイスラエル寄りの感情の高さとイスラエル軍の空爆の回数は比例し、逆に投下されるプロパガンダの量はこれに反比例したという。イスラエルの政治家や司令官がタイムラインにも目を光らせていたことは明らかであった。さらに、兵士が戦闘の合間に「いいね！」を押したり、自分がアップロードした動画へのコメントを読んだりすることもできるだろう。これらはすべて現実のものになっている。

これらをみた上でいえるのは、「人間」が機械の戦争から疎外されるというよりも、戦争が「人間」の定義を拡張させて関与させ続けているということである。そこでいう「人間」はまさにメディア論の主張の通り（スマホだけでなくAK47も含めて）メディア環境による「拡張」のなかで理解されるべき存在である。

人間の関与を限定する戦争

「戦争は人間が戦うもの」という前提は、歪みながらも維持されている。だが一方で、ある種の情報技術は、「人間」を戦争の主役の座から引きずり下ろそうとする。「戦争からの人間の疎外」はやはりあり、これを特定しておく必要がある。

ドローン（無人航空機）について考えてみよう。一九九〇年代後半から使用が始まり、現在では軍にとって欠くことのできない無人機は、衛星通信による遠隔地からの操縦・映像取得を可能とする偵察機・攻撃機である。アメリカ軍は、より少ない予算と犠牲でより精密にターゲットを破壊・殺害することができると主張している。

表1　自律兵器システムの分類
（岩本誠吾「AI兵器をどう規制するか」より）

用途＼自律度	軍事作戦		
	非戦闘用（輸送・偵察）	戦闘用	
		対物破壊用	対人殺傷用
遠隔操作型	合法	合法	合法
半自律型	合法	合法	合法か？
完全自律型	合法	合法か？	違法か？

とはいえ、ドローンの操縦者はPTSDに悩まされる。かれらはアメリカの本土にいて一万km以上離れた戦場を飛ぶドローンを操縦し、自ら手を下した殺戮を目撃した後、基地のゲートをくぐって日常生活に戻る。この落差において精神に深刻なダメージを負うというのだ。「敵に爆弾を投下するために出勤した二〇分後に、帰りに牛乳を買ってきてくれる？　というテキストが届く[26]」。

遠隔操作は電波妨害の可能性があるので（妨害をかけた方の通信も麻痺してしまうが）、軍からは、まだ技術的には難しいものの完全自律型が望まれる。操縦者の良心が痛むことのない完全な自律制御のドローン、徘徊型兵器の攻撃は「人間」的ではなく、許されてもいない。殺すのはせめて「人間」であって欲しい、戦争がせめて「人間的」であろうとするギリギリのところで、その規制をめぐる議論がなされている（表1[27]）。

無人航空機の利用は先進国軍隊だけではない。中型・小型ドローンに爆弾を装着すれば安価で効果的な兵器になることは明白で、すでに様々な武装勢力の攻撃手段となっている。そして二〇一九年、AK47の製造、その模造品の流通で有名なカラシニコフ社は、世界中の「より小さな軍隊」を対象に、操作がより簡単で安価な「自殺ドローン Suicide Drone」を発表した(非「人間」的な兵器でありながら「自殺」するというのである!)。

歴史を振り返ってみれば、新しい軍事技術が戦場に登場するたびに、その意味を図るため「人間」という規準が問い直された。例えば、機関銃(マシンガン=機械銃)が当初導入をためらわれたのは、それがまだ貴族主義を残していた一九世紀の士官たちにとって「人間的ではない」とされたからだった。(28)

ただ、いま問われているのは、人間を殺すという直接的な判断を機械が行うということの意味だ。この兵器を「腕力の拡張」ではなく「考えることの拡張」において考えたとき、「戦争とメディア」はどのような構図を描くのだろうか。

おわりに——新しい「戦争とメディア」論のために

「人間」の拡張が問われる場として戦争に着目した先述の三人のメディア論者のうち、「人間」の輪郭に最も拘《こだわ》っていたのはキットラーのようにみえる。しかし、その「人間」に対して辛辣なことを書いてしまうのもキットラーであった。

運動能力においても感覚認知においても知的洞察においても、人間はハイテク戦争をするようには設計されていないことは明らかである。第一次世界大戦以後、速度と精確性のために、特別なトレーニングキャンプが作られ、鈍重な人々に知覚の新しい経験を教え、人間と機械の相乗効果《シナジー》に慣れさせることが求められた。(29)

キットラーのいう「特別なトレーニングキャンプ」とは、第一次大戦の塹壕で始まった腕時計の使いこなしに始まり、今日の一人称視点の戦争ゲームへと至る一連の自己訓練のことである。人々にそれぞれの知覚を鍛えさせるそうしたブートキャンプには、ロックコンサートやディスコも含まれるという。相変わらず盛んなマスツーリズムもそうだ。毎年夏になると多くのドイツ人がアウトバーンを通ってヨーロッパを電撃的に走破する。第二次世界大戦における電撃戦を可能にしたＶＨＦ（超短波）通信機器は、いまやカーステレオから流れるラジオ放送になり国民車（フォルクスワーゲン）の乗員の気晴らしを担う。「平和とは、輸送手段を同じくする戦争の継続である」などと書いている[30]。

大きな戦争と戦争のあいだには、戦争で発達したメディア技術を社会が飼い馴らす平和な期間がある。それは、次の戦争における「人間の拡張」を準備するものだ。このようなかたちでメディア史を軍事的に読み替えることで、キットラーのメディア論はなりたっている。

本章で論じてきた新しい「戦争とメディア」の歴史においても、その半分は焼き直しだ。従来のプロパガンダ合戦は兵器化したＳＮＳのレスバトルに、ゲリラ戦・遊撃戦は非対称戦に、マスコミによる報道競争はスペクタクルを伴うテロの世界同時中継と残虐シーンの個人動画配信にそれぞれ移行したが、本質においてそれらは変わっていない。ドローン操縦手のＰＴＳＤも、第一次大戦で発見された「シェルショック（戦争神経症）」の現代版だ。軍事革命（ＲＭＡ）は常に起こっており、戦争は常に「新しい戦争」として現れる。メディアは常に技術革新しつつ「人間の拡張」を促し、戦争から「人間」を手放さない。そして私たちは「人間」として戦争を理解したいと願うのである。

だがキットラーによれば、それらは全て、軍事技術がわれわれに理解可能なかたちで自らを示しているから、ということになる。では、キットラーはその先に何をみたかったのか。

彼が決定的だといっているのは、情報技術のうち、情報処理に関するものである。それは、情報の記録や伝達とは違い、人間の精神による意味づけや解釈を目的としない純粋なデータ加工のプロセスである。情報処理技術が加速し、人間の「思考」や「判断」と見分けがつかない出力がなされるようになっても、戦争は、「人間が人間と戦うもの」

というシミュレーションを私たちに見せ続けるのだろうか。

キットラーの物言いは多少露悪的ではあったかもしれない。しかしいまや戦争は、度重なる「人間の拡張」によってぼやけてしまった「人間」の輪郭そのものにおいて争われているのである。とすれば、われわれが考えなければならない「新しい」メディア論は、マスコミ論からの類推によってインターネット論を展開するだけではなく、その媒体となるコンピュータ(汎用計算機)のメディア性(考えることの拡張)について考えることなのではないか、とキットラーは教えてくれたのである。

そしてそれは、集合的暴力について私たちが考えることの可能性と制約をくり返し検討すること(考えることを考えること)を求めることになるはずである。処理速度の遅さを自己言及的な反省において克服する、ということだ。これしかないが、これができるのも人間ならではのことだといえよう。

(1) メアリー・カルドー／山本武彦・渡部正樹訳『新戦争論――グローバル時代の組織的暴力』岩波書店、二〇〇三年。
(2) 佐藤俊樹『社会は情報化の夢を見る』河出書房新社、二〇一〇年。
(3) 佐藤卓己『現代メディア史 新版』岩波書店、二〇一八年。
(4) 橋本晃『国際紛争のメディア学』青弓社、二〇〇六年。
(5) マーシャル・マクルーハン／栗原裕・河本仲聖訳『メディア論――人間の拡張の諸相』みすず書房、一九八七年。
(6) マーシャル・マクルーハン、クエンティン・フィオール／広瀬英彦訳『地球村の戦争と平和』番町書房、一九七二年。
(7) ベネディクト・アンダーソン／白石隆・白石さや訳『定本 想像の共同体――ナショナリズムの起源と流行』書籍工房早山、二〇〇七年。
(8) 前掲注(5)マクルーハン 一九八七年。
(9) Paul Virilio, *Bunker Archaeology*, Princeton University Press, 1994.
(10) ポール・ヴィリリオ／石井直志・千葉文夫訳『戦争と映画――知覚の兵站術』平凡社ライブラリー、一九九九年。
(11) ポール・ヴィリリオ／市田良彦訳『速度と政治――地政学から時政学へ』平凡社ライブラリー、二〇〇一年。

(12) フリードリヒ・キットラー／大宮勘一郎・石田雄一訳『書き取りシステム1800・1900』インスクリプト、二〇二一年。

(13) Friedrich Kittler, trans. by Anthony Enns, *Optical Media*, Polity Press, 2010. ただし文脈に合わせて意訳している。

(14) Geoffrey Winthrop-Young, "Introduction: The Wars of Friedrich Kittler", in Friedrich Kittler, ed. by Winthrop-Young et al., *Operation Valhalla: Writings on War, Weapons, and Media*, Duke University Press, 2021.

(15) 前掲注(12)キットラー 二〇二一年。

(16) Friedrich Kittler, "Media Wars: Trenches, Lightning, Stars", in Kittler, *Literature, Media, Information Systems*, G+B Arts International, 1997.

(17) フリードリヒ・キットラー／原克・大宮勘一郎・前田良三・神尾達之・副島博彦訳『ドラキュラの遺言――ソフトウェアなど存在しない』産業図書、一九九八年。

(18) 前掲注(4)橋本 二〇〇六年。

(19) ジャン・ボードリヤール／塚原史訳『湾岸戦争は起こらなかった』紀伊國屋書店、一九九一年。

(20) ウルリッヒ・ベック／島村賢一訳『世界リスク社会論――テロ、戦争、自然破壊』平凡社、二〇〇三年。

(21) 志田淳二郎『ハイブリッド戦争の時代――狙われる民主主義』並木書房、二〇二一年。

(22) 例えばD・ピック／小沢正人訳『戦争の機械――近代における殺戮の合理化』法政大学出版局、一九九八年。

(23) P・W・シンガー／山崎淳訳『戦争請負会社』日本放送出版協会、二〇〇四年。Ori Swed and Thomas Crosbie eds., *The Sociology of Privatized Security*, Palgrave Macmillan, 2018.

(24) P・W・シンガー／小林由香利訳『子ども兵の戦争』日本放送出版協会、二〇〇六年。

(25) P・W・シンガー、エマーソン・T・ブルッキング／小林由香利訳『「いいね!」戦争――兵器化するソーシャルメディア』NHK出版、二〇一九年。

(26) Eyal Press, "The Wounds of the Drone Warrior", *The New York Times Magazine*, 2018. https://www.nytimes.com/2018/06/13/magazine/veterans-ptsd-drone-warrior-wounds.html

(27) 岩本誠吾「AI兵器をどう規制するか」『世界』二〇一九年一〇月号。

(28) ジョン・エリス／越智道雄訳『機関銃の社会史』平凡社ライブラリー、二〇〇八年。

(29) Friedrich Kittler, "Synergie von Mensch und Maschine", 1993(前掲注(14)Winthrop-Young 2021より重引)。

(30) クラウゼヴィッツ『戦争論』の有名な一節のもじり。Friedrich Kittler, "Free Ways", in Kittler, ed. by Winthrop-Young et al., *Operation Valhalla*.

コラム❸ 批判的思考の拠点としての「銃後史」

平井和子

「母たちは確かに戦争の被害者であった。しかし同時に侵略戦争を支える〝銃後〟の女たちでもあった――何故にそうでしかあり得なかったのか」――『銃後史ノート』(以下『銃後史』)創刊号(一九七七年)の巻頭の言葉である。会の名前は「女たちの現在《いま》を問う会」①。会の中心的存在であった加納実紀代(一九四〇―二〇一九)は、職業軍人の父のもとソウルで生まれ、五歳の時に広島で被爆。大学時代に「満洲」出身の女性と出会い、自分が「被害者であるとともに侵略戦争の加害者」でもある二重性を帯びていることを自覚する。② 一九七三年、オイルショックの下、出版社の下請けで、主婦向けの節約本を引き受けたことが加納に「気づき」をもたらす。「節約の知恵」を求めて国会図書館で戦争中の婦人雑誌を片っ端からめくると、「女は戦争の被害者」というイメージとはほど遠い姿に驚く。加納は「抑圧だけで人を動かすことはできない、自発的に、生き生きと協力させる」ために、「どういう仕掛けでどういうふうに女性が乗せられたのか」③ 自分たちで明らかにしようと、仲間たち十数人と「銃後史」研究に漕ぎ出した。

『銃後史』以前

実は、女性(母)の戦争責任を問う声は、『銃後史』以前に、その息子世代から発せられていた。筑豊炭鉱労働者運動の組織者で詩人でもあった谷川雁は、一九五九年の第五回「日本母親大会」へ乗り込み、会場から痛烈な言葉を発した。④第五福竜丸の被曝をきっかけに女性たちの原水爆禁止運動が巻き起こり、平塚らいてうが国際民主婦人連盟へ伝え、一九五五年「世界母親大会」が開催される。同年に、全国の女性たちが一堂に会し、戦争被害体験を語りあったのが第一回日本母親大会で、「涙の大会」として知られている。谷川は、「皆さんは、戦争中、赤飯を炊き、日の丸の旗を振って、ぼくらを戦場に送った。そのため多くの若者が戦死した」、「そのお母さんたちが（中略）やったことを忘れていない」と発言し、「虚を突かれた母たちは、いっせいにカッとなった」と牧瀬菊枝が書き留めている。⑤母親たちが息子世代から戦争責任を問われた初めての出来事である。

また、もろさわようこ（一九二五―）も、軍国少女であった自分を恥じつつ、母たちは「ナルシシズムにも似た自己哀惜の中で、戦争時代を情緒的に回想」しているにすぎないとし、侵略されたアジアの女たちから見れば、「日本の女たちは、加害者としての責任を問われる」と指摘した。⑥このように総力戦の下でホームフロント（「銃後」）の女性が精神戦、産業戦、食糧戦、人口戦を支えた「共犯性」に対する、個々の指摘はあったが、それを時系列に沿って、初めて体系的に検証したのが『銃後史』であった。

一九七〇年代という時代も、『銃後史』誕生の背中を押した。「近代」が「男性知」にすぎないことを見破ったウーマンリブに、もろさわも加納も共感し、加納は「侵略＝差別と闘うアジア婦人会議」にも参加している。この視点はジャーナリスト松井やよりにも共有され、三・一独立運動記念日にあたる七七年三月一日に、「アジアの女たちの会」が発足した。『銃後史』創刊と同年である。

二〇年間にわたる『銃後史』は、日中戦争前夜から始め、「女たちの戦後、その原点」で終わる戦前篇一〇号、「朝鮮戦争　逆コースのなかの女たち」から「全共闘からリブへ」で終了する戦後篇八号まで全一八号である。三号まではガリ版手作り三〇〇部でスタートし、途中から出版社が版元となった。毎回、特集が組まれ、アンケート調査やその時代の鍵となった人物の証言や座談会などが盛り込まれ、まさに戦中戦後の女性史の宝庫である。

『銃後史』以降

『銃後史』に触発されて、第一波フェミニズムのリーダーたちの戦争中の言動を追ったのが、鈴木裕子『フェミニズムと戦争――婦人運動家の戦争協力』(マルジュ社、一九八六年)である。鈴木は、「女性の場合、「権力」から疎外されていたがゆえに、「権力」への接近はより急であった」とし、「「権力」への参加を「解放」とみまがうような、体制による操作はふんだんに行われた」(一九四頁)という。一九七二年創刊の『あごら』も八一年五月号で初めて「女と戦争」を組み「加害性」に向き合った。川名紀美による、そのタイトルもずばりの『女も戦争を担った』(冬樹社、一九八二年)も出された。

西洋美術史家の若桑みどり(一九三五―二〇〇七)は、無名の女性大衆を戦争へと誘導し、心性を統合していく視覚メディアとして、婦人雑誌の表紙、挿絵を分析し『戦争がつくる女性像――第二次世界大戦下の日本女性動員の視覚的プロパガンダ』(筑摩書房、一九九五年)をまとめ、戦争が日本女性に与えたイメージは、男子を抱く母子像(聖母子)であったとした。かっぽう着にモンペ、千人針を縫い、大空襲の夜に私を抱きしめていた母(＝無数の物言わぬ母たち)のことを、孫娘(息子)へ伝えるべき「娘」として、若桑は本書をまとめた、という。

「母性」に注目する脇田晴子編『母性を問う――歴史的変遷』(上・下、人文書院、一九八五年)も刊行され、一家庭の母の役割が国家に貢献するという「国家的母性論」が説かれた。一九八〇・九〇年代、娘世代は母たちの戦争協力を見据え、二度と無自覚に戦争の共犯者にならないという視点を確立させた。

『銃後史』から受け継ぐべき課題

一方、一九五五年に始まった日本母親大会は、「生命を生みだす母親は、生命を育て、生命を守ることをのぞみます」というスローガンを掲げ現在に至っている。八六年のチェルノブイリ原発事故や、二〇一一年の福島第一原発事故後の母親たちの反原発運動、そして二〇一五年の安全保障関連法に反対する「ママの会」など、危機に立ち上がる女性たちは「母」を掲げることが多い。元橋利恵は、ケアのフェミニズムの観点から「母親業のなかで培われてきた思考や判断力を社会構造の基盤にお」く「戦略的母性主義」を唱え、反戦・反核・「子どもを守る」運動の評価を試みる。[7] 一九五〇年代の女性の原水爆禁止運動が、原子力の「平和利用(原発)」には期待を寄せた例を挙げ、「母性本能といっても、しょせんその程度のものだったことは、しっかり認識しておいた方がよい」とした加納はこの再評価をどう受け止めるだろうか。「メタファーであれ「母」の語を使うかぎり、「産む」がついてまわる可能性はないだろうか」[8]という彼女の危惧を書き留めておきたい。

平和憲法の下、反戦平和運動の盲点となったのが、軍隊内の女性の存在である。一九五四年の自衛隊創設の中で、看護婦の採用がスタートし徐々に職域は拡大、九三年には全職域が開放された。日本婦人団体連合会などの再軍備反対運動や母親運動は「女＝母＝平和」の図式に依拠したため、この枠からはみ出す女性は不可視化された。[9] 佐藤文香は、この姿勢が「軍事組織のジェンダー政策に対するその後の女性たちの不注意と無関心につながっていった」と指摘する。[10] 二〇一五年の「女性活躍推進法」成立を受けて、防衛省は戦闘機パイロットを含む最後の戦闘領域を女性に開放した。佐藤の「「平等」と「多様性」を活用しながら社会の軍事化がひそかに進行していくという事態は、今まさにわたしたちの足元で進行中の出来事」[11]という危惧を、自衛隊のフィールドワークのパイオニアである加納も共有し、「軍隊内の女性との連帯の可能性」について佐藤と考えを巡らしている。[12]「銃後史」では対象とならなかった戦闘領域への男女共同参画の問題は、二一世紀の新たな課題として私たち自身で切り拓かねばならない。

（1）佐藤文香・伊藤るり編『ジェンダー研究を継承する』人文書院、二〇一七年、二八九頁。
（2）加納実紀代『ひろしま女性平和学試論——核とフェミニズム』家族社、二〇〇二年、五六頁。
（3）前掲注（1）佐藤・伊藤編 二〇一七年、二八六頁。
（4）その後谷川は「母親大会への直言」『婦人公論』一九五九年一〇月号という批判を寄せた。
（5）鶴見和子・牧瀬菊枝編『ひき裂かれて——母の戦争体験』筑摩書房、一九五九年、三七一—三七五頁。綴方運動を指導していた牧瀬は、母たちの体験談を「愚痴っぽい」、「どうしたら戦争責任の追及にまで深めることができるか」と山代巴と語り合った（三七六頁）。
（6）もろさわようこ『おんなの戦後史』未来社、一九七一年、四八—四九頁。
（7）元橋利恵『母性の抑圧と抵抗——ケアの倫理を通して考える戦略的母性主義』晃洋書房、二〇二一年。
（8）加納実紀代『ヒロシマとフクシマのあいだ——ジェンダーの視点から』二〇一三年、インパクト出版会、二二二頁。
（9）『銃後史ノート 戦後篇三 55年体制成立と女たち』（一九八七年）には、この時期女性自衛官に注目した鈴木スム子「軍隊の中の婦人部隊」が収められている。
（10）佐藤文香『軍事組織とジェンダー——自衛隊の女性たち』慶應義塾大学出版会、二〇〇四年、一〇七—一一五頁。
（11）佐藤文香「軍事化される「平等」と「多様性」——米軍を手掛かりとして」『ジェンダー史学』一二号、二〇一六年、三七頁。
（12）「「軍事組織とジェンダー」をめぐって——女性自衛官人権裁判のアンビバレンツ」『インパクション』一六一号、二〇〇八年、五八頁。

〈執筆者〉

青木秀男(あおき・ひでお)　1943年生．特定非営利活動法人 社会理論・動態研究所所長．社会学．「原爆と被差別部落――被害の構造的差異をめぐって」『社会学評論』66巻1号，2015年など．

佐藤成基(さとう・しげき)　1963年生．法政大学社会学部教授．社会学(国家とナショナリズムの比較研究，歴史社会学，社会学理論)．『国家の社会学』青弓社，2014年など．

柳原伸洋(やなぎはら・のぶひろ)　1977年生．東京女子大学歴史文化専攻准教授．ドイツ近現代史．『ドイツ文化事典』(共編著)丸善出版，2020年など．

吉良貴之(きら・たかゆき)　宇都宮共和大学専任講師．法哲学．「行政国家と行政立憲主義の法原理」『法の理論』39号，2021年など．

佐川 徹(さがわ・とおる)　1977年生．慶應義塾大学文学部准教授．アフリカ地域研究，文化人類学．『アフリカで学ぶ文化人類学――民族誌がひらく世界』(共編著)昭和堂，2019年など．

和田賢治(わだ・けんじ)　1972年生．武蔵野学院大学国際コミュニケーション学部准教授．国際関係論．「保守のアジェンダへの女性・平和・安全保障の再構成――カナダのハーパー政権を事例に」『ジェンダー研究』22号，2019年など．

大野光明(おおの・みつあき)　1979年生．滋賀県立大学人間文化学部准教授．歴史社会学，社会運動史研究．『沖縄闘争の時代 1960/70――分断を乗り越える思想と実践』人文書院，2014年など．

高橋博子(たかはし・ひろこ)　1969年生．奈良大学文学部教授．アメリカ史．『新訂増補版 封印されたヒロシマ・ナガサキ』凱風社，2012年など．

布施祐仁(ふせ・ゆうじん)　1976年生．ジャーナリスト．『経済的徴兵制』集英社新書，2015年など．

平井和子(ひらい・かずこ)　1955年生．一橋大学ジェンダー社会科学研究センター客員研究員．近現代日本女性史・ジェンダー史．『日本占領とジェンダー――米軍・売買春と日本女性たち』有志舎，2014年など．

〈編集委員〉

蘭 信三　1954 年生．大和大学社会学部教授．歴史社会学，戦争社会学．『日本帝国をめぐる人口移動の国際社会学』(編著) 不二出版，2008 年など．

石原 俊　1974 年生．明治学院大学社会学部教授．歴史社会学，島嶼社会論．『硫黄島――国策に翻弄された 130 年』中公新書，2019 年など．

一ノ瀬俊也　1971 年生．埼玉大学教養学部教授．日本近代軍事史・社会史．『東條英機――「独裁者」を演じた男』文春新書，2020 年など．

佐藤文香　1972 年生．一橋大学大学院社会学研究科教授．ジェンダー研究，軍事・戦争とジェンダーの社会学．『軍事組織とジェンダー――自衛隊の女性たち』慶應義塾大学出版会，2004 年など．

西村 明　1973 年生．東京大学大学院人文社会系研究科准教授．宗教学・文化資源学．『戦後日本と戦争死者慰霊――シズメとフルイのダイナミズム』有志舎，2006 年など．

野上 元　1971 年生．筑波大学人文社会系准教授．歴史社会学，戦争社会学．『戦争体験の社会学――「兵士」という文体』弘文堂，2006 年など．

福間良明　1969 年生．立命館大学産業社会学部教授．歴史社会学，メディア史．『「戦跡」の戦後史――せめぎあう遺構とモニュメント』岩波書店，2015 年など．

シリーズ 戦争と社会 1
「戦争と社会」という問い

2021 年 12 月 24 日　第 1 刷発行

編　者　蘭《あららぎ》 信三《しんぞう》　石原《いしはら》 俊《しゅん》
一ノ瀬《いちのせ》俊也《としや》　佐藤《さとう》文香《ふみか》
西村《にしむら》 明《あきら》　野上《のがみ》 元《げん》　福間《ふくま》良明《よしあき》

発行者　坂本政謙

発行所　株式会社 岩波書店
〒101-8002 東京都千代田区一ツ橋 2-5-5
電話案内 03-5210-4000
https://www.iwanami.co.jp/

印刷・三陽社　カバー・半七印刷　製本・牧製本

 ISBN 978-4-00-027170-7　Printed in Japan